Les

en

ASTRONOMIE

Jay M. Pasachoff

Cartes du ciel par
Wil Tirion

Peintures des constellations par
Robin Brickman

Traduction
Gilles Ménard fic, astronome
Lise Chabot, professeure

151-A, boul. de Mortagne, Boucherville, Qc, CANADA, J4B 6G4
Tél.: (450) 449-5531 / Télécopieur: (450) 449-5532
Internet: http://www.broquet.qc.ca
Courrier électronique: info@broquet.qc.ca

Données de catalogage avant publication (Canada)
Pasachoff, Jay M.
Astronomie
(Les petits guides Peterson).
Traduction de: Peterson first guide to astronomy.
ISBN 2-89000-296-9
1. Astronomie - Ouvrages pour la jeunesse. 2. Étoiles -
Atlas - Ouvrages pour la jeunesse. 3. Astronomie -
Manuels d'amateurs. 4. Astronomie - Manuels d'obser-
vation. I. Brickman, Robin. II. Titre. III. Collection.
QB46.P3714 1990   j523   C90-09-096545-2

Titre original:
Peterson First Guides
Astronomy
publié par Houghton Mifflin Company, Boston

pour l'édition en langue française:

Copyright © 1990
Éditions Broquet Inc.
Dépôt légal - Bibliothèque nationale du Québec
Réimpression 2000

ISBN 2-89000-296-9

Note de l'éditeur

En 1934, mon Guide d'Identification des Oiseaux vit le jour. Le livre était conçu pour permettre au non-spécialiste d'identifier des oiseaux dans la nature. La série des Guides d'Identification Peterson, qui contient maintenant plus de 30 volumes traitant d'un large éventail de sujets, a permis à des millions d'utilisateurs de connaître les plantes, les animaux, les roches et les étoiles sans avoir à faire des études spécialisées. Il me fait plaisir de vous présenter un guide du ciel à la portée de tous. Toute personne qui s'intéresse aux oiseaux ou à d'autres aspects de la nature, sera certainement intéressée à découvrir le ciel.

Même si les Guides d'Identification Peterson s'adressent aussi bien au novice qu'à l'expert, plusieurs débutants aimeront commencer avec un guide plus simple qui leur permettra une initiation plus facile. C'est pour ces personnes (celles qui savent reconnaître la Lune et la Grande Ourse mais pas davantage) que nous avons créé les Petits Guides d'Identification. Ces guides présentent un choix de choses que vous aimeriez voir lorsque vous êtes à vos débuts. Comme le ciel est accessible à tout le monde, il est normal que le Petit Guide D'Identification à l'Astronomie soit un des premiers de la série. Ce guide, comme tous les autres de la série, vous permet de partir facilement à la découverte de la nature. Nous espérons qu'il vous donnera satisfaction et qu'il vous permettra de passer au guide de niveau supérieur «le Guide d'Idenfication Peterson des étoiles et des Planètes».

Roger Tory Peterson

L'Astronomie

Le Soleil et la Lune, les étoiles et les planètes, ainsi que tous les autres astres du ciel, suivent constamment leur route céleste sous nos yeux. Que nous soyons à la maison ou en voyage, ces objets familiers composent notre entourage. Point n'est besoin de se munir d'un équipement spécial pour les voir. Et le fait d'acquérir une certaine connaissance de ce que nous observons, avive notre intérêt pour la nature et nous procure une satisfaction encore plus grande.

Avez-vous déjà essayé de compter les étoiles visibles dans le ciel? Lorsque le ciel est dégagé et que la nuit est très sombre, on peut apercevoir, à l'œil nu, environ 3000 étoiles. Mais en ville, où la pollution lumineuse est considérable, on n'en voit qu'une poignée. À cause de la rotation de la Terre les étoiles paraissent se déplacer dans le ciel. La vitesse apparente de leur déplacement dépend de leur position dans le ciel. Celles qui se déplacent le plus rapidement parcourent, en une heure, un arc de cercle correspondant à la largeur de votre poing tenu à bout de bras. Dans l'espace de quelques heures, l'aspect du ciel change énormément. Et de saison en saison, que l'on passe de l'automne à l'hiver ou du printemps à l'été, on aperçoit des étoiles différentes lorsque vient le soir.

Pour vous montrer ce qu'il est possible d'observer dans le ciel nocturne, tout au long de l'année, ce livre contient 24 cartes du ciel (voir pp. 20-43). On fournit deux cartes pour chaque mois de l'année; une carte montre la partie sud du ciel, l'autre la partie nord du ciel. Ces cartes sont valables pour des observateurs situés à des latitudes moyennes au nord de l'équateur.

Les étoiles des différentes constellations sont reliées par des traits, ce qui permet de les identifier plus facilement. Les constellations sont des groupes d'étoiles qui, dans l'antiquité, avaient été associées à divers mythes et légendes. À la suite des cartes, on décrit en détail certaines constellations plus familières et faciles à reconnaître. Le Guide traite aussi d'autres sujets intéressants:

Ce livre est conçu pour faciliter l'observation à l'œil nu. Si vous observez avec des jumelles, vous verrez des objets d'éclat plus faible : le guide en mentionne quelques-uns. Si vous possédez un télescope, il vous révélera encore plus de détails sur les objets en question. À la fin du livre vous trouverez des réponses aux questions souvent posées concernant l'utilisation des jumelles et du télescope.

Comment utiliser ce guide ? Nous suggérons de lire d'abord les 19 premières pages. Puis, à la prochaine nuit claire, consultez les 2 cartes (pp. 20-43) qui correspondent à la date et à l'heure de vos observations. Essayez de repérer dans le ciel les constellations représentées sur ces cartes. Lisez les renseignements supplémentaires fournis sur certaines constellations (pp. 44-67) et poussez l'observation plus loin.

Admirez le ciel ! Goûtez à l'astronomie !

Les étoiles qui dessinent un W dans le ciel appartiennent à la constellation de Cassiopée. On la voit photographiée au-dessus du Parc National Zion dans l'Utah.

L'Observation des étoiles

Chaque nuit, un grand nombre d'étoiles se lèvent à l'horizon est, traversent une partie du ciel et vont se coucher à l'horizon ouest. D'autres restent visibles toute la nuit. Si vous regardez le ciel dans la direction est, vous verrez se lever des étoiles. Leur mouvement n'est pas assez rapide pour qu'on ait l'impression qu'elles bougent ; mais si vous regardez suffisamment longtemps dans une direction donnée, après un certain temps, vous remarquerez que les étoiles ne sont plus au même endroit.

À peu près à mi-chemin entre l'horizon et le zénith (cela dépend de votre latitude), dans la direction nord, il y un point autour duquel les étoiles semblent pivoter. Ce point imaginaire du ciel, appelé *pôle nord céleste*, est immobile. Il est situé directement au-dessus du pôle nord de la Terre. À mi-chemin entre le pôle nord et le pôle sud célestes, se trouve l'*équateur céleste*. Il correspond à la projection dans le ciel de l'équateur terrestre.

Si nous nous tenions exactement au pôle nord de la Terre, le pôle nord céleste serait au-dessus de nos têtes i.e. au *zénith*. Peu importe où vous êtes, le zénith est le point du ciel situé au-dessus de votre tête. Lorsque nous passons du pôle nord à l'équateur, le pôle nord céleste s'approche de l'horizon : quand nous sommes à l'équateur il se trouve à l'horizon. La hauteur du pôle nord céleste au-dessus de l'horizon correspond à la latitude du lieu d'observation. Par exemple, à la latitude de Montréal qui est de 45° nord, le pôle nord céleste se trouve à 45° au-dessus de l'horizon nord.

Toutes les étoiles semblent décrire des cercles autour du pôle céleste. Les étoiles proches de chacun des pôles décrivent de petits cercles et ne se couchent jamais : ce sont des étoiles *circumpolaires*.

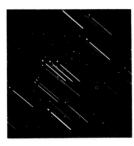

Sous des latitudes correspondant au territoire des États-Unis, la trajectoire des étoiles qui se lèvent à l'est est inclinée par rapport à l'horizon. Pour prendre cette photo d'Orion on a ouvert l'obturateur de l'appareil photographique pendant plusieurs minutes pour que les étoiles laissent des traînées lumineuses sur la pellicule. Puis on a fermé l'obturateur un certain temps et on l'a ouvert à nouveau quelques secondes pour obtenir une image ponctuelle de chaque étoile.

Les étoiles situées loin des pôles décrivent des cercles tellement grands qu'une partie des cercles passe sous l'horizon. Les étoiles se lèvent à l'est et plus tard vont se coucher à l'ouest. De plus, les cercles décrits sont tellement grands que la trajectoire des étoiles paraît droite.

Le pôle sud céleste est un point imaginaire situé au-dessus du pôle sud de la Terre. Ni le pôle sud céleste, ni les étoiles proches de ce pôle ne sont visibles de nos latitudes. Pour les voir, il faut se rendre au sud de l'équateur terrestre.

Chaque soir, les étoiles se lèvent quatre minutes plus tôt que le soir précédent. Ainsi, une étoile donnée se lève une heure plus tôt à chaque 15 jours. C'est ce qui fait que l'on aperçoit des étoiles différentes d'une saison à l'autre (voir p. 69). Cet effet est le résultat de la rotation de la Terre sur elle-même et de sa translation autour du Soleil. Chaque jour la Terre parcourt $\frac{1}{365}$ de son orbite autour du Soleil et accomplit une rotation complète sur elle-même. Ainsi, à la même heure chaque soir, nous faisons face à une partie du ciel légèrement différente de celle observée la veille. Chaque jour, les étoiles se lèvent 3 minutes 56 secondes plus tôt (c.-à-d. 24 heures divisées par 365 jours) à cause du déplacement de la Terre par rapport aux étoiles et au Soleil.

Des traînées lumineuses produites par la rotation des étoiles autour du pôle nord céleste. Ce dernier est un point imaginaire situé au-dessus du pôle nord de la Terre.

L'éclat et la magnitude

Il y a des milliers d'années, Hipparque, un astronome grec, imagina un système pour classer les étoiles. Les étoiles les plus brillantes étaient de première grandeur, celles un peu moins brillantes de seconde grandeur et ainsi de suite. Les étoiles les plus faibles et visibles à l'œil nu étaient de sixième grandeur. Aujourd'hui, nous utilisons un système semblable pour décrire l'éclat des étoiles. On appelle l'éclat apparent d'une étoile sa *magnitude apparente*.

Les astronomes modernes ont établi une échelle de magnitude plus précise. Une différence de 5 en magnitude correspond à un rapport de 100 en éclat ou brillance. Une étoile de magnitude 1,5 est entre une étoile de magnitude 1 et 2. De plus certains objets sont plus brillants que les étoiles de première magnitude. On leur attribue alors une magnitude de 0 ou même négative. Sirius, l'étoile la plus brillante du ciel, a une magnitude de -1,5. Une différence de 1 en magnitude correspond à un rapport de 2,5 en brillance. Ainsi une étoile de magnitude 2 est 2,5 fois moins brillante qu'une étoile de magnitude 1. Une étoile de magnitude 6 est exactement 100 fois moins brillante qu'une étoile de magnitude 1.

Magnitude de quelques objets typiques :

Vénus à son maximum d'éclat	-4
Jupiter à son maximum d'éclat	-3
Sirius, l'étoile la plus brillante	-1,5
Arcturus, une étoile brillante	0
Les Gardes, à l'extrémité de la Grande Ourse	2
Les étoiles les plus faibles sur nos cartes	4,5
Les étoiles les plus faibles visibles à l'œil nu	6
Les étoiles les plus faibles visibles avec des jumelles	9
Les étoiles les plus faibles visibles dans un petit télescope	12
Les étoiles les plus faibles visibles dans les plus gros télescopes	25

C'est la quantité de lumière qui entre dans votre œil qui détermine les étoiles les plus faibles que vous pouvez détecter. La nuit, l'ouverture de votre pupille peut atteindre un diamètre de 8mm. Votre cerveau prend environ $\frac{1}{30}$ de seconde pour percevoir une image. Vous pouvez donc détecter une quantité de lumière égale à celle qui passe à travers un cercle de 8mm en $\frac{1}{30}$ de seconde.

Avec des jumelles vous recueillez de la lumière sur une plus grande surface, celle de chaque lentille située à l'avant de l'instrument et qu'on appelle objectif. En astronomie on utilise souvent des jumelles 7X50 : cela signifie qu'elles grossissent 7 fois et qu'elles ont des objectifs de 50mm de diamètre. Comme ces lentilles recueillent plus de lumière que l'œil nu, il est possible de voir des étoiles plus faibles à l'aide de jumelles.

En général, les télescopes possèdent des objectifs (lentille ou miroir) plus grands que ceux de jumelles. Ils recueillent donc encore plus de lumière et permettent l'observation d'objets très peu brillants (voir p. 120). Une autre façon de recueillir plus de lumière est de faire une exposition de longue durée avec un appareil photographique. Alors que l'œil accumule la lumière pendant $\frac{1}{30}$ de seconde, une pellicule peut l'accumuler plusieurs secondes et même plusieurs minutes. Cela permet de capter des images d'objets de faible luminosité.

Les étoiles brillantes du ciel visibles à des latitudes moyennes au nord de l'équateur :

Étoile	Constellation	Magnitude	Visible le soir
Sirius	Grand Chien (Cartes 1S-4S,12S)	-1,5	hiver
Arcturus	Bouvier (Cartes 2N,3,4S,6S,7,8N)	0,0	printemps
Véga	Lyre (Cartes 4N-6N,9N-11N)	0,0	été
Capella	Cocher (Cartes 2N-5N, 8N-11N)	+0,1	hiver
Rigel	Orion (Cartes 1S-3S,11S-12S)	+0,1	hiver
Procyon	Petit Chien (Cartes 1S-4S,11,12S)	+0,4	printemps
Bételgeuse	Orion (Cartes 1S-4S,10N,11S-12S)	+0,5	hiver
Altaïr	Aigle (Cartes 5N,6S-10S,11)	+0,8	été
Aldébaran	Taureau (Cartes 1S-3S,10,11S-12S)	+0,9	hiver
Antarès	Scorpion (Cartes 5S-8S)	+1,0	été
Spica	Vierge (Cartes 3S-7S)	+1,0	été
Pollux	Gémeaux (Cartes 1S,12S)	+1,1	printemps

* Les cartes qui montrent les étoiles brillantes et les constellations se trouvent aux pages 20 à 43. N = vers le Nord ; S = vers le Sud. À certaines heures et à certaines époques de l'année, les étoiles sont plus hautes dans le ciel que les régions représentées sur les cartes.

L'évaluation des distances angulaires dans le ciel

Pour être en mesure de passer d'une étoile ou d'une constellation à l'autre dans le ciel, il peut s'avérer utile de savoir estimer les angles sur la sphère céleste. La distance angulaire (mesurée en dégrés) entre un point quelconque de l'horizon et le zénith (point situé au-dessus de la tête) est de 90°. Votre poing tenu à bout de bras sous-tend un angle de 10°. De la même façon votre pouce sous-tend un angle de 2°. La Lune occupe un angle de $\frac{1}{2}$° dans le ciel.

À des latitudes moyennes au nord de l'équateur, la Grande Ourse est visible toute l'année. Ses étoiles principales ont la forme d'une casserole facile à repérer. C'est l'une des 88 constellations du ciel (voir p. 12). Les étoiles à l'extrémité du «bol», qui se trouvent à droite sur la photo ci-dessous, sont appelées les Gardes. Si on prolonge la ligne qui les joint vers l'avant, on aboutit à l'Étoile polaire. Un angle de 5° sépare les Gardes et la distance angulaire entre le Garde du haut et la Polaire est de 30°. Un angle de 30° correspond à $\frac{1}{3}$ de la distance entre l'horizon et le zénith ou à la largeur de 3 poings côte à côte.

La Grande Ourse

La constellation d'Orion le chasseur (p. 46) est probablement la plus facile à reconnaître dans le ciel lorsqu'elle s'y trouve, les soirs d'hiver. La «ceinture» d'Orion est composée de trois étoiles de deuxième magnitude qui sous-tendent un angle de 3°.

De chaque côté de la ceinture, à environ 9° (une largeur de poing) vers le haut et vers le bas, on aperçoit une paire d'étoiles brillantes. Bételgeuse qui marque l'épaule d'Orion a une teinte rougeâtre. Cela signifie que c'est une étoile relativement froide. Rigel, qui marque le talon d'Orion, est de couleur blanc bleu; cela indique que c'est une étoile très chaude.

L'épée du chasseur pend à gauche sous la ceinture. Au centre de l'épée on soupçonne la présence d'une tache de lumière diffuse; c'est la Nébuleuse d'Orion, une région de l'espace contenant du gaz et de la poussière et où de nouvelles étoiles sont en train de se former. Pour apercevoir la nébuleuse, il faut utiliser des jumelles ou un télescope.

La constellation d'Orion: dans le coin supérieur gauche, Bételgeuse, de couleur rougeâtre; dans le coin inférieur droit, Rigel, de couleur blanc bleu. Au milieu, les trois étoiles alignées forment la ceinture. L'épée et la Nébuleuse d'Orion se trouvent au-dessous de la ceinture. La couleur rougeâtre de la nébuleuse n'est visible que sur les photos obtenues avec des temps de pose prolongés.

Les constellations

Dans l'antiquité les gens ont vu dans le ciel des groupes d'étoiles qu'ils ont associés à des légendes. Ces groupes d'étoiles ont reçu le nom de constellations. Plusieurs des noms de constellations de l'hémisphère nord en usage aujourd'hui viennent des Grecs, car c'était la partie du ciel visible de l'Empire grec. Quand des expéditions scientifiques allèrent explorer l'hémisphère sud, il y a quelques centaines d'années, elles complétèrent l'identification de la partie du ciel non visible de nos latitudes. Les noms donnés aux constellations de l'hémisphère sud, au 17e et 18e siècles, réflètent une conception plus moderne et une fascination pour les appareils mécaniques.

Même si beaucoup de constellations existaient depuis des siècles, en 1930, l'Union Astronomique Internationale décida de diviser tout le ciel en exactement 88 constellations. Chaque étoile appartient maintenant à une seule constellation. Quelques constellations sont trop au sud pour qu'on les voit : leurs noms apparaissent en italique dans le tableau des pages 13 et 14.

À partir de la page 44, on décrit en détail certaines constellations. Plusieurs personnes connaissent les 12 constellations du Zodiaque. Ce sont celles à travers lesquelles le Soleil se déplace dans le ciel. Leurs noms apparaissent en caractères gras dans la liste des constellations. Évidemment, ces constellations ne sont pas visibles au moment où le Soleil les traverse puisqu'alors il fait jour.

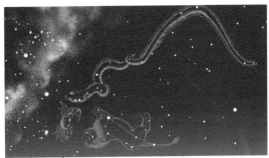

Beaucoup de civilisations ont des légendes expliquant les figures imaginaires qui peuplent le ciel.

Les Constellations

Andromeda	Andromède
Antlia	Machine pneumatique
Apus	*Oiseau de paradis*
Aquarius	**Verseau**
Aquila	Aigle
Ara	*Autel*
Aries	**Bélier**
Auriga	Cocher
Boötes	Bouvier
Caelum	Burin du graveur
Camelopardalis	Girafe
Cancer	**Crabe**
Canes Venatici	Chiens de chasse
Canis Major	Grand chien
Canis Minor	Petit chien
Capricornus	**Capricorne**
Carina	*Carène*
Cassiopeia	Cassiopée
Centaurus	*Centaure*
Cepheus	Céphée
Cetus	Baleine
Chamaeleon	*Caméléon*
Circinus	*Compas*
Columba	Colombe
Coma Berenices	Chevelure de Bérénice
Corona Australis	Couronne australe
Corona Borealis	Couronne boréale
Corvus	Corbeau
Crater	Coupe
Crux	*Croix du Sud*
Cygnus	Cygne
Delphinus	Dauphin
Dorado	*Dorade*
Draco	Dragon
Equuleus	Petit Cheval
Eridanus	*Éridan*
Fornax	Fourneau
Gemini	**Gémeaux**
Grus	*Grue*
Hercules	Hercule
Horologium	Horloge
Hydra	Hydre femelle
Hydrus	*Hydre mâle*
Indus	*Indien*
Lacerta	Lézard
Leo	**Lion**
Leo minor	Petit Lion
Lepus	Lièvre
Libra	**Balance**
Lupus	Loup
Lynx	Lynx
Lyra	Lyre

Les Constellations (suite)

Mensa	*Table*
Microscopium	Microscope
Monoceros	Licorne
Musca	*Mouche*
Norma	*Règle*
Octans	*Octant*
Ophiuchus	Serpentaire
Orion	Orion
Pavo	*Paon*
Pegasus	Pégase
Perseus	Persée
Phoenix	*Phénix*
Pictor	*Peintre*
Pisces	**Poissons**
Piscis Austrinus	Poisson austral
Puppis	Poupe
Pyxis	Boussole
Reticulum	*Réticule*
Sagitta	Flèche
Sagittarius	**Sagittaire**
Scorpius	**Scorpion**
Sculptor	Sculpteur
Scutum	Bouclier
Serpens(caput)	Serpent(tête)
Serpens(cauda)	Serpent(queue)
Sextans	Sextant
Taurus	**Taureau**
Telescopium	Télescope
Triangulum	Triangle
Triangulum Australe	*Triangle austral*
Tucana	*Toucan*
Ursa Major	Grande Ourse
Ursa Minor	Petite Ourse
Vela	*Voiles*
Virgo	**Vierge**
Volans	*Poisson volant*
Vulpecula	Renard

Caractères gras : constellations du Zodiaque.
Caractères italiques : constellations trop au sud pour être aperçues à une latitude de 40° nord.

La Voie lactée

Lorsque le ciel est dégagé et la nuit sans lune, il est possible de voir une bande de lumière diffuse qui traverse le ciel : c'est la *Voie lactée*. Même à l'œil nu on remarque que la Voie lactée est irrégulière et constituée de zones claires et sombres.

Le fait que cette bande de lumière est étroite nous indique que nous vivons à l'intérieur d'une galaxie qui a la forme d'un disque plat (p. 78). Quand nous regardons dans une direction qui correspond au plan du disque, nous voyons beaucoup d'étoiles et de *nébuleuses* (nuages de gaz et de poussière, voir p. 70). Mais quand nous regardons dans une direction perpendiculaire au plan du disque nous apercevons seulement les quelques étoiles proches de nous.

La Voie lactée est représentée sur les cartes d'étoiles, pp. 20-43. Les soirs d'été, elle passe à travers la constellation du Cygne, presque au zénith, et celle du Sagittaire, plus au sud. Le centre de notre galaxie qui se trouve dans la direction du Sagittaire est particulièrement riche en étoiles, gaz et poussière. Quand on balaie la Voie lactée avec des jumelles, on rencontre plusieurs taches de lumière diffuse qui sont des nébuleuses ou des amas d'étoiles.

La Voie lactée dans la direction du Sagittaire où se trouve le centre de notre Galaxie.

Comment reconnaître
les Planètes?

Les étoiles sont animées d'un mouvement apparent dans le ciel, mais les distances relatives qui les séparent sont fixes. Toutefois, il y a quelques points lumineux du ciel qui se déplacent parmi les étoiles d'une nuit à l'autre. Ce sont les planètes, nom d'origine grecque qui signifie «astre errant». Le télescope révèle que les planètes ont des formes et des dimensions différentes. Par exemple, Mercure et Vénus passent par un cycle de phases, Saturne est entourée d'un jeu d'anneaux. Les sondes spatiales, qui ont visité la plupart des planètes, nous ont révélé beaucoup de choses à leur sujet (voir pp. 84-99).

Vous pouvez retenir le nom des planètes et leur position par rapport au Soleil grâce à la première lettre de: «*Mon Vieux, Tu Me Jettes Sur Une Nouvelle Planète.*»: Mercure, Vénus, Terre, Mars, Jupiter, Saturne, Uranus, Neptune, Pluton. Mais comment les trouver dans le Ciel?

Les étoiles scintillent mais pas les planètes

Habituellement les étoiles scintillent dans le ciel. La lumière qui nous arrive de ces minuscules points lumineux situés en dehors de l'atmosphère, est dérangée par la turbulence de l'air. Cela cause une variation de leur éclat et les fait bouger autour de leur position moyenne. Les planètes sont de petits disques lumineux; cependant, on ne peut pas déceler leur dimension à l'œil nu. La turbulence de l'air a moins d'effet sur le scintillement des planètes à cause de leur dimension apparente plus grande, ce qui rend leur éclat beaucoup plus stable que celui d'une étoile.

Si vous apercevez un astre qui brille d'une façon stable alors que les autres autour scintillent, il s'agit probablement d'une planète.

Où trouver les planètes?

L'orbite de Vénus autour du Soleil est située à l'intérieur de l'orbite terrestre; c'est pourquoi Vénus est toujours aperçue non loin du Soleil. Quand Vénus est visible, c'est le plus brillant objet du ciel après le Soleil et la Lune. Si vous apercevez un astre très brillant et d'éclat stable dans le ciel de l'ouest, après le coucher du Soleil, ou dans le ciel de l'est, avant le lever du Soleil, c'est probablement la planète Vénus.

Jupiter est également très brillante et peut être observée même à minuit. Si vous apercevez un objet qui brille d'une façon régulière (d'un éclat stable) dans la moitié sud du ciel, loin de l'endroit où le Soleil se lève ou se couche, c'est probablement Jupiter.

Mars atteint rarement la luminosité de Jupiter ou de Vénus et Saturne ne devient jamais aussi brillante que Jupiter. Mars possède une teinte rougeâtre détectable à l'œil nu. Saturne est légèrement jaunâtre. Il faut des jumelles pour observer Uranus et Neptune, et un télescope pour apercevoir Pluton.

La trajectoire des planètes.

La Terre et les autres planètes tournent autour du Soleil à peu près dans le même plan, i.e. comme si elles se trouvaient toutes sur le fond d'une assiette. C'est pourquoi le Soleil et les planètes semblent se déplacer le long d'une même trajectoire sur la voûte céleste. Cette trajectoire s'appelle l'*écliptique*.

L'écliptique est représentée par une ligne brisée sur les cartes, pp. 20-43. Les planètes se trouvent toujours près de l'écliptique.

Les positions apparentes des planètes changent de semaine en semaine et ne se répètent pas. Si une planète est visible, vous la repérez en cherchant un astre brillant d'un éclat stable près de l'écliptique.

Avec des jumelles ou un petit télescope, vous pouvez voir quatre lunes autour de Jupiter. Vous pouvez également voir des bandes colorées sur le disque de la planète. Sur cette photo de Jupiter, prise pour capter les lunes, les bandes sont sur-exposées. Il est aussi possible de voir les anneaux de Saturne et sa plus grosse lune aux jumelles ou dans un petit télescope.

Comment utiliser les cartes du ciel ?

Les pages suivantes donnent des paires de cartes du ciel utilisables tout au long de l'année aux dates et heures indiquées au bas de la carte. La première carte montre le ciel dans la direction nord et la seconde dans la direction sud. Ensemble, elles couvrent la majeure partie du ciel, sauf pour un cercle de 30° de rayon autour du zénith. Par exemple, l'étoile Véga se trouve au zénith les soirs d'été, elle est trop haute pour apparaître sur les cartes 7 et 8 (direction nord).

Les dates et les heures d'utilisation sont précisées au bas des cartes. La paire de cartes subséquentes représente le ciel à la même heure le mois suivant ou à la même date deux heures plus tard.

Toutes les étoiles de magnitude supérieure à 4,5 et quelques-unes moins brillantes y figurent. Vous devriez pouvoir observer toutes ces étoiles si vous êtes dans un endroit sombre loin des villes et si votre horizon est dégagé. La partie du ciel près de l'horizon i.e. à moins de 10° (distance correspondant à la largeur de votre poing à bout de bras) est habituellement masquée par de la brume ou des édifices : l'observation y est plus difficile.

On a indiqué le nom et la couleur des étoiles qui sont de première magnitude ou plus brillantes. La couleur des étoiles nous renseigne sur leurs températures. Les étoiles blanc bleu (type O et B sont les plus chaudes, les étoiles jaunes comme le Soleil (type G) sont moins chaudes, et les étoiles rouges (type M) sont les plus froides (voyez la légende p. 19).

Certaines étoiles comme Mira dans la constellation de la Baleine, ont une luminosité variable. Elles sont représentées par des cercles sur les cartes. Une étoile traversée d'une barre indique que c'est une *étoile double* ou *multiple*. Dans certaines régions de l'espace, on retrouve des groupements d'étoiles. Ces *amas d'étoiles* sont de deux types. Les *amas ouverts*, comme les Pléiades et les Hyades (voir p. 56), contiennent des étoiles jeunes qui se sont formées au même moment. Les *amas globulaires*, symbolisés par un cercle marqué d'une croix, sont constitués de vieilles étoiles groupées en forme de sphère. Dans un petit télescope ils ont l'aspect d'une petite tache ronde et brumeuse. Les *nébuleuses planétaires* sont des nuages de gaz entourant une étoile agonisante tandis que les *nébuleuses diffuses* sont des nuages de gaz et de poussière dans l'espace. Les *galaxies* sont de gigantesques systèmes renfermant des milliards d'étoiles, du gaz et de la poussière. Quelques-uns de ces objets non stellaires sont indiqués sur les cartes.

Vous remarquerez que certains amas d'étoiles sont désignés par la lettre M suivie d'un nombre, comme M13. Ce dernier est un amas globulaire visible à l'œil nu dans la constellation d'Hercule (voir p. 60). C'est également le treizième objet mentionné dans le catalogue de l'astronome Charles Messier. Il y a 200 ans, Messier établit une liste d'une centaine d'objets d'aspect nébuleux dans le ciel pour l'aider à ne pas les confondre avec les comètes qu'il recherchait. Nous utilisons son catalogue pour identifier plusieurs objets intéressants du ciel; toutefois la plupart de ces objets ne sont visibles qu'au télescope ou aux jumelles.

La ligne pointillée, sur les cartes, correspond à l'écliptique i.e. la trajectoire du Soleil et des planètes (approximativement) parmi les étoiles. Les planètes sont toujours localisées près de cette ligne imaginaire sur la voûte céleste.

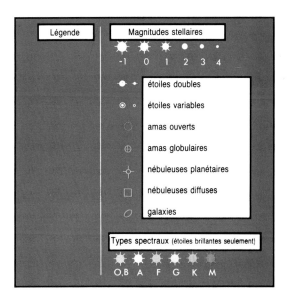

Légende	Magnitudes stellaires					
	-1	0	1	2	3	4

étoiles doubles

étoiles variables

amas ouverts

amas globulaires

nébuleuses planétaires

nébuleuses diffuses

galaxies

Types spectraux (étoiles brillantes seulement)

O,B   A   F   G   K   M

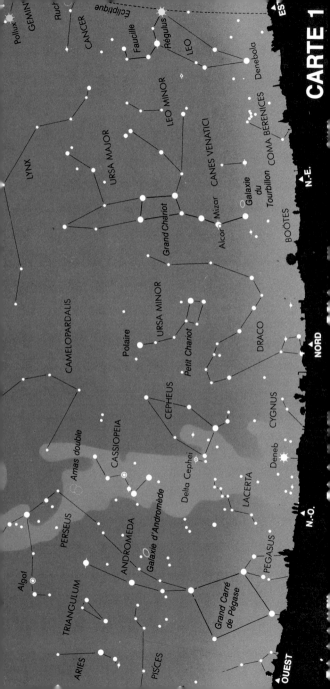

CARTE 1

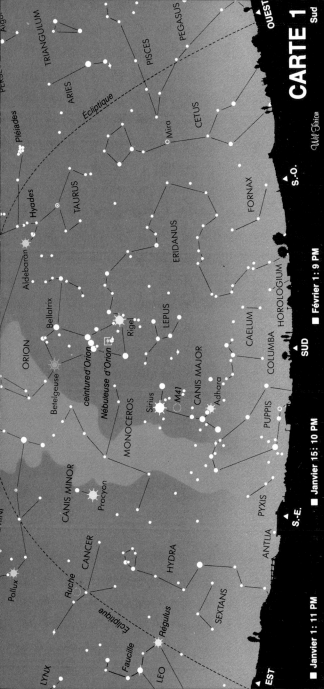

CARTE 1

Sud

Wil Tirion

- Janvier 1: 11 PM
- Janvier 15: 10 PM
- Février 1: 9 PM

OUEST

S.-O.

SUD

S.-E.

EST

PEGASUS
TRIANGULUM
PISCES
ARIES
Écliptique
Pléiades
CETUS
Mira
TAURUS
Hyades
Aldébaran
FORNAX
Bellatrix
ORION
Rigel
ceinture d'Orion
Nébuleuse d'Orion
Betelgeuse
LEPUS
ERIDANUS
CAELUM
COLUMBA
HOROLOGIUM
MONOCEROS
Sirius
M41
CANIS MAJOR
Adhara
PUPPIS
CANIS MINOR
Procyon
PYXIS
ANTLIA
CANCER
Ruche
HYDRA
SEXTANS
LEO
Régulus
Faucille
Écliptique
Pollux
LYNX
PERSE
Algo

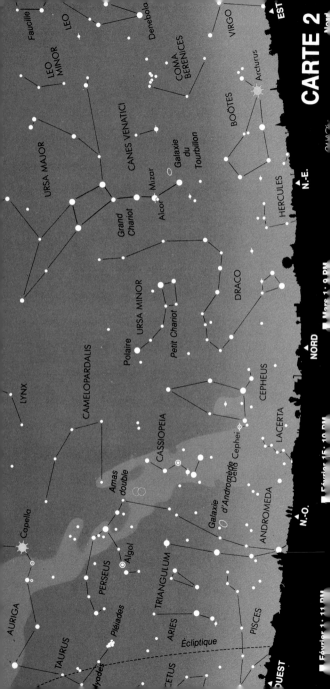

CARTE 2

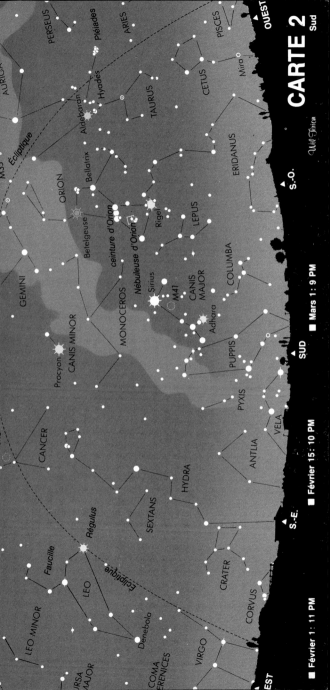

CARTE 2

Sud

OUEST

S.-O.

SUD

S.-E.

EST

■ Février 1: 11 PM ■ Février 15: 10 PM ■ Mars 1: 9 PM ■ Mars 15: 10 PM

Oeil d'Orion

PERSEUS
Pléiades
ARIES
PISCES
AURIGA
Aldébaran
Hyades
TAURUS
CETUS
Mira
Écliptique
M35
ORION
Bellatrix
ERIDANUS
Bételgeuse
ceinture d'Orion
Rigel
LEPUS
Nébuleuse d'Orion
GEMINI
Sirius
COLUMBA
M41
CANIS MAJOR
CANIS MINOR
MONOCEROS
Adhara
Procyon
PUPPIS
CANCER
PYXIS
LEO MINOR
Régulus
Faucille
LEO
VELA
ANTLIA
Écliptique
SEXTANS
HYDRA
Dénebola
CRATER
VIRGO
COMA BERENICES
CORVUS
URSA MAJOR

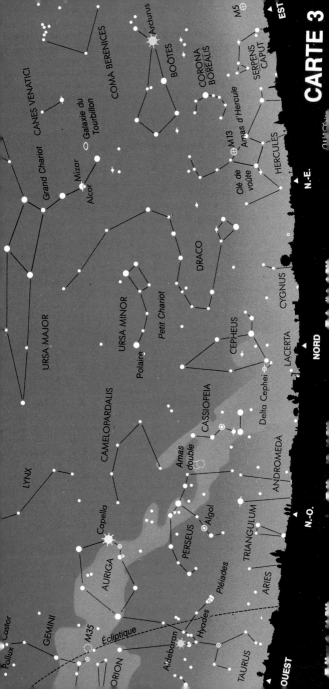

CARTE 3

EST

M5

N.-E.

Arcturus

BOÖTES

COMA BERENICES

CORONA BOREALIS

SERPENS CAPUT

CANES VENATICI

Galaxie du Tourbillon

M13

Amas d'Hercule

HERCULES

Grand Chariot

Mizar

Alcor

Clé de voûte

DRACO

URSA MAJOR

URSA MINOR

Petit Chariot

Polaire

CYGNUS

NORD

LACERTA

CEPHEUS

CAMELOPARDALIS

Delta Cephei

CASSIOPEIA

LYNX

Amas double

ANDROMEDA

N.-O.

Capella

PERSEUS

Algol

TRIANGULUM

AURIGA

M35

Pléiades

ARIES

Pollux

Castor

GEMINI

Écliptique

Hyades

Aldebaran

TAURUS

ORION

OUEST

CARTE 3

OUES
Sud

AURIGA
GEMINI
M35
ORION
Aldebaran
Hyades
TAURUS
Bellatrix
ceinture d'Orion
ERIDANUS
Pollux
Betelgeuse
Rigel
LEPUS
Ruche
CANIS MINOR
Sirius
Nébuleuse
Orion d'Orion
COLUMBA
S.-O.
Procyon
MONOCEROS
M41
CANCER
CANIS MAJOR
Adhara
HYDRA
PUPPIS
Regulus
PYXIS
VELA
SUD
LEO
SEXTANS
ANTLIA
Écliptique
CRATER
CORVUS
COMA BERENICES
HYDRA
VIRGO
Spica
S.-E.
VENATICI
BOÔTES
Arcturus
M5
EST

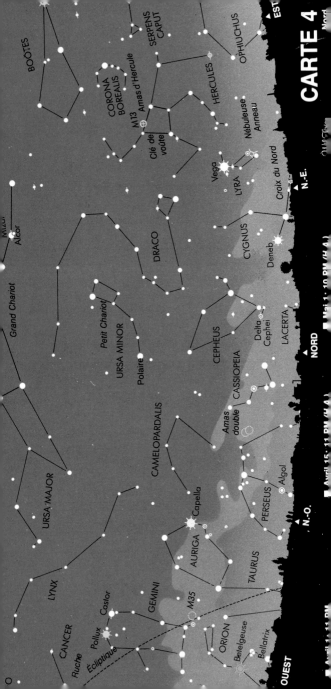

CARTE 4

OUEST · N.-O. · NORD · N.-E. · EST

Avril 15 : 11 PM (H.A.) · Mai 1 : 10 PM (H.A.)

ORION · Bételgeuse · Bellatrix · Éclipse · M35 · GEMINI · Castor · Pollux · Ruche · CANCER · LYNX · TAURUS · AURIGA · Capella · PERSEUS · Algol · CAMELOPARDALIS · URSA MAJOR · Grand Chariot · Mizar · Alcor · Amas double · CASSIOPEIA · Delta Cephei · LACERTA · Petit Chariot · URSA MINOR · Polaire · CEPHEUS · DRACO · Deneb · CYGNUS · Croix du Nord · LYRA · Vega · Nébuleuse Anneau · BOÖTES · CORONA BOREALIS · Clé de voûte · M13 · Amas d'Hercule · HERCULE · SERPENS CAPUT · OPHIUCHUS · Ophiuchus

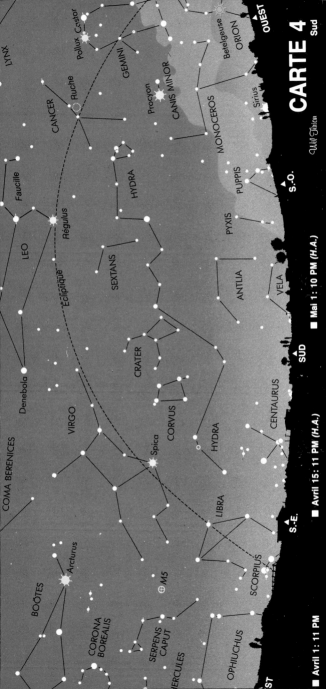

CARTE 4

Sud

OUEST

S.O.

SUD

S.-E.

EST

Avril 1: 11 PM · Avril 15: 11 PM (H.A.) · Mai 1: 10 PM (H.A.)

Wild Edition

LYNX

Pollux Castor

GEMINI

Ruche

CANCER

Faucille

LEO

Régulus

Ecliptique

Denebola

COMA BERENICES

VIRGO

BOÖTES

Arcturus

CORONA BOREALIS

SERPENS CAPUT

HERCULES

OPHIUCHUS

M5

Spica

LIBRA

SCORPIUS

CORVUS

CRATER

HYDRA

SEXTANS

HYDRA

ORION

Betelgeuse

Procyon

CANIS MINOR

MONOCEROS

Sirius

PUPPIS

PYXIS

ANTLIA

VELA

CENTAURUS

CARTE 5

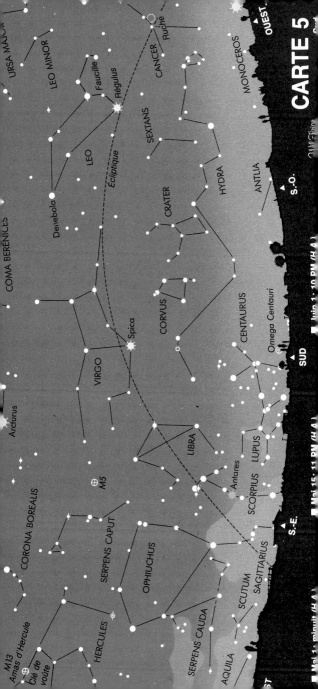

CARTE 5

OUEST

S.-O.

SUD

S.-E.

EST

Juin 1 : 10 PM (H.A.)

Mai 15 : 11 PM (H.A.)

Mai 1 : minuit (H.A.)

URSA MAJOR

LEO MINOR

Faucille

Regulus

CANCER

Ruche

MONOCEROS

LEO

Denebola

Écliptique

SEXTANS

HYDRA

ANTLIA

COMA BERENICES

CRATER

CORVUS

CENTAURUS

Omega Centauri

Arcturus

VIRGO

Spica

LIBRA

LUPUS

Antares

SCORPIUS

CORONA BOREALIS

M5

SERPENS CAPUT

OPHIUCHUS

SAGITTARIUS

SCUTUM

M13
Amas d'Hercule
Clé de
voûte

HERCULE

SERPENS CAUDA

AQUILA

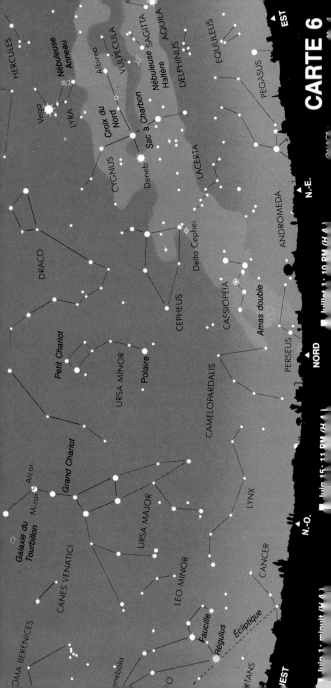

CARTE 6

EST

N.-E.

NORD

N.-O.

OUEST

HERCULES

Nébuleuse Anneau

Vega

LYRA

Albireo

Croix du Nord

CYGNUS

Deneb

Sac à Charbon

SAGITTA

VULPECULA

AQUILA

Nébuleuse Haltère

DELPHINUS

EQUULEUS

PEGASUS

LACERTA

ANDROMEDA

DRACO

Delta Cephei

CEPHEUS

CASSIOPEIA

Amas double

PERSEUS

Petit Chariot

URSA MINOR

Polaire

CAMELOPARDALIS

LYNX

Galaxie du Tourbillon

Mizar

Alcor

Grand Chariot

URSA MAJOR

CANES VENATICI

LEO MINOR

CANCER

COMA BERENICES

enebola

Faucille

Regulus

Écliptique

juillet 1 - 10 PM (H.A.)

juin 15 - 11 PM (H.A.)

juin 1 - minuit (H.A.)

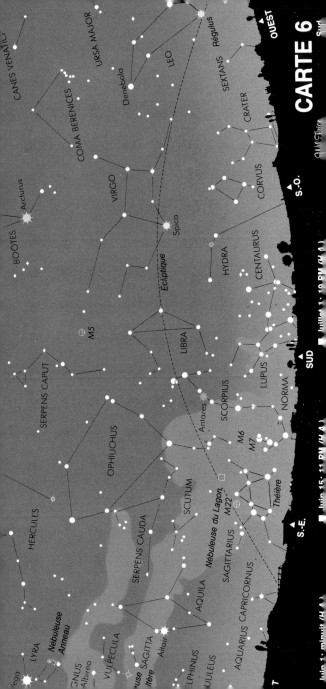

CARTE 6

CANES VENATICI
URSA MAJOR
LEO
Régulus
SEXTANS
Denebola
COMA BERENICES
CRATER
VIRGO
Arcturus
BOOTES
Spica
CORVUS
Ecliptique
HYDRA
CENTAURUS
M5
LIBRA
SERPENS CAPUT
LUPUS
SCORPIUS
NORMA
Antares
OPHIUCHUS
M6
M7
Théière
SCUTUM
SERPENS CAUDA
Nébuleuse du Lagon
M22
HERCULES
SAGITTARIUS
CAPRICORNUS
AQUARIUS
SAGITTA
AQUILA
VULPECULA
DELPHINUS
Altair
Nébuleuse Anneau
LYRA
Vega
CYGNUS
Albireo
Chiron

Juillet 1 : 10 PM (H.A.)
Juin 15 : 11 PM (H.A.)
Juin 1 : minuit (H.A.)

CARTE 7

VULPECULA
Nébuleuse Haltère
CYGNUS
Croix du Nord
Sac à Charbon
Deneb
PEGASUS
Grand Carré de Pégase
PISCES
LACERTA
ANDROMEDE
Galaxie d'Andromède
Delta Cephei
CEPHEUS
CASSIOPEIA
Amas double
PERSEUS
DRACO
Polaire
Petit Chariot
URSA MINOR
CAMELOPARDALIS
Alcor
Mizar
Grand Chariot
LYNX
Galaxie du Tourbillon
CANES VENATICI
URSA MAJOR
LEO MINOR
BOOTES
COMA BERENICES
LEO
Denebola
ORONA
REALIS
Arcturus
RGO

EST
N.-E.
NORD
N.-O.
OUEST

Août 1 : 10 PM (H.A.)

juillet 15 : 11 PM (H.A.)

juillet 1 : minuit (H.A.)

CARTE 7

Ouest

Sud

BOOTES

Arcturus

CORONA
BOREALIS

COMA BERENICES

VIRGO

HERCULES

⊕ M5

Spica

SERPENS CAPUT

LIBRA

HYDRA

S.-O.

OPHIUCHUS

LUPUS

Antares

NORMA

SCORPIUS

M6

Nébuleuse
du
Lagon

M7

SUD

SERPENS CAUDA

M22 ⊕

Théière

Écliptique

SCUTUM

SAGITTARIUS

CORONA
AUSTRALIS

AQUILA

MICROSCOPIUM

S.-E.

VULPECULA

Altaïr

CAPRICORNUS

SAGITTA

Nébuleuse
Haltère

DELPHINUS

EQUULEUS

AQUARIUS

Croix du Nord

CYGNUS

PEGASUS

PISCES

EST

Juillet 1: minuit (H.A.)

Juillet 15: 11 PM (H.A.)

Août 1: 10 PM (H.A.)

CARTE 8
Nord

Wil Tirion

■ Septembre 1: 10 PM (H.A.)   ■ Août 15: 11 PM (H.A.)   ■ Août 1: minuit (H.A.)

EST
N.-E.
NORD
N.-O.
OUEST

PEGASUS
Grand Carré de Pégase
ANDROMEDA
PISCES
LACERTA
Galaxie d'Andromède
TRIANGULUM
ARIES
Delta Cephei
PERSEUS
Amas double
Algol
CEPHEUS
CASSIOPEIA
Capella
DRACO
CAMELOPARDALIS
Polaire
Petit Chariot
URSA MINOR
LYNX
HERCULES
Clé de voûte
M13
Amas d'Hercule
CORONA BOREALIS
Alcor
Mizar
Galaxie du Tourbillon
Grand Chariot
URSA MAJOR
CANES VENATICI
SERPENS CAPUT
BOÖTES
Arcturus
COMA BERENICES
VIRGO

Écliptique

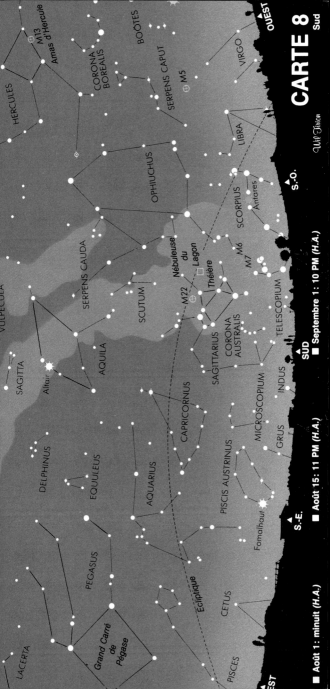

CARTE 8
Sud

OUEST

S.-O.

SUD

S.-E.

OUEST

Québec Triton

■ Août 1 : minuit (H.A.)   ■ Août 15 : 11 PM (H.A.)   ■ Septembre 1 : 10 PM (H.A.)

HERCULE
M13
Amas d'Hercule
CORONA
BOREALIS
BOÖTES
SERPENS CAPUT
M5
VIRGO
LIBRA
OPHIUCHUS
SCORPIUS
Antares
M6
M7
SERPENS CAUDA
SCUTUM
Nébuleuse
du
Lagon
Théière
M22
TELESCOPIUM
SAGITTARIUS
CORONA AUSTRALIS
VULPECULA
SAGITTA
Altaïr
AQUILA
CAPRICORNUS
INDUS
MICROSCOPIUM
GRUS
DELPHINUS
EQUULEUS
AQUARIUS
PISCIS AUSTRINUS
Fomalhaut
Écliptique
LACERTA
PEGASUS
Grand Carré
de
Pégase
CETUS
PISCES

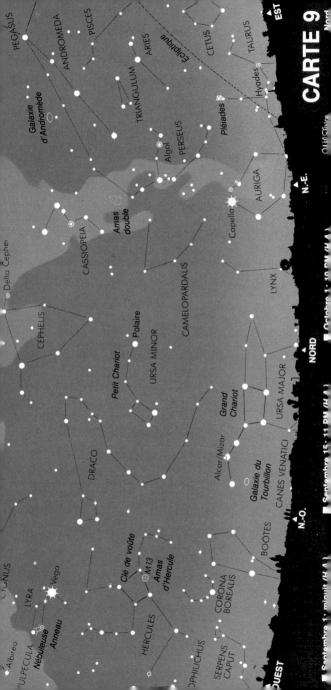

CARTE 9

PEGASUS
ANDROMEDA
PISCES
ARIES
CETUS
TAURUS
EST
Nord
TRIANGULUM
Ecliptique
Galaxie d'Andromède
PERSEUS
Algol
Hyades
Pléiades
CETUS

Amas double
CASSIOPEIA
AURIGA
Capella
N.-E.
Orion Célan

CEPHEUS
CAMELOPARDALIS
LYNX
Octobre 1 : 10 PM (H.A.)

Delta Cephei
Polaire
Petit Chariot
URSA MINOR
NORD

DRACO
Grand Chariot
URSA MAJOR
Septembre 15 : 11 PM (H.A.)

CYGNUS
Albireo
VULPECULA
LYRA
Vega
Nébuleuse Anneau
Clé de voûte
M13 Amas d'Hercule
HERCULES
Alcor/Mizar
Galaxie du Tourbillon
CANES VENATICI
N.-O.

CORONA BOREALIS
BOOTES
OPHIUCHUS
SERPENS CAPUT
OUEST
Septembre 1 : minuit (H.A.)

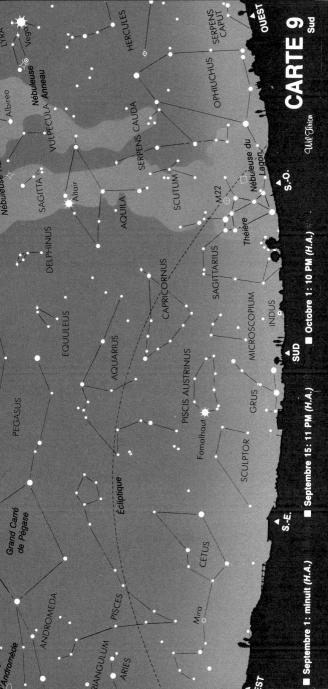

LYRA
Vega
Nébuleuse Annelée
Albireo
HERCULES
VULPECULA
SERPENS CAUDA
SAGITTA
Nébuleuse ?M?
Altaïr
AQUILA
DELPHINUS
SCUTUM
M22
Nébuleuse du Lagon
Théière
EQUULEUS
CAPRICORNUS
SAGITTARIUS
PEGASUS
AQUARIUS
MICROSCOPIUM
Grand Carré de Pégase
PISCIS AUSTRINUS
INDUS
Fomalhaut
GRUS
Écliptique
SCULPTOR
Andromède
ANDROMEDA
PISCES
CETUS
Mira
TRIANGULUM
ARIES

OPHIUCHUS
SERPENS CAPUT
OUEST
Sud

CARTE 9

Quill Edition

S.-O.

SUD

S.-E.

EST

■ Septembre 1 : minuit (H.A.) ■ Septembre 15 : 11 PM (H.A.) ■ Octobre 1 : 10 PM (H.A.)

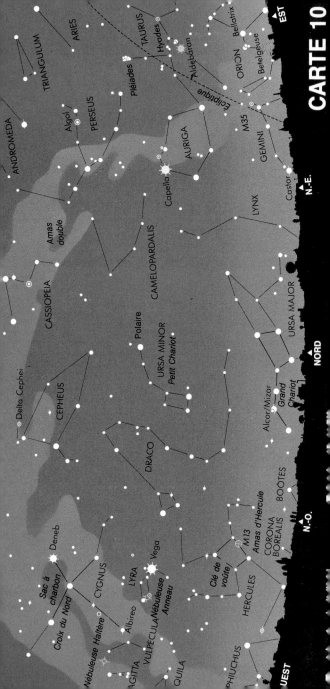

CARTE 10

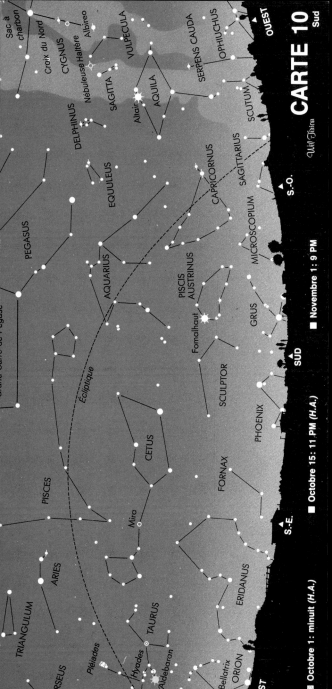

CARTE 10

OUEST Sud

Sud

Will Tirion

■ Octobre 1 : minuit (H.A.)   ■ Octobre 15 : 11 PM (H.A.)   ■ Novembre 1 : 9 PM

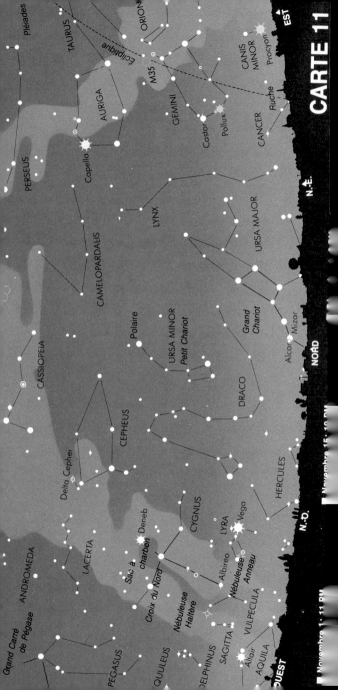

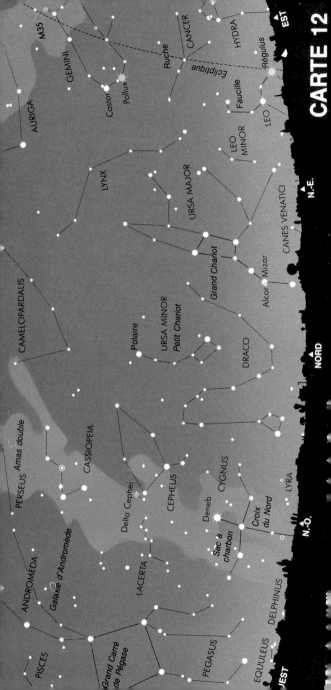

CARTE 12

EST

M35

CANCER

HYDRA

GEMINI

Castor

Pollux

Ruche

Écliptique

Régulus

AURIGA

Faucille

LEO

LYNX

LEO MINOR

N.-E.

URSA MAJOR

CANES VENATICI

Grand Chariot

Alcor Mizar

CAMELOPARDALIS

URSA MINOR
Petit Chariot

Polaire

Grand Chariot

DRACO

NORD

PERSEUS Amas double

CASSIOPEIA

CEPHEUS

Delta Cephei

CYGNUS

Deneb

Croix du Nord

LYRA

N.-O.

ANDROMEDA

Galaxie d'Andromède

LACERTA

Sac à charbon

PISCES

Grand Carré de Pégase

PEGASUS

EQUULEUS

DELPHINUS

OUEST

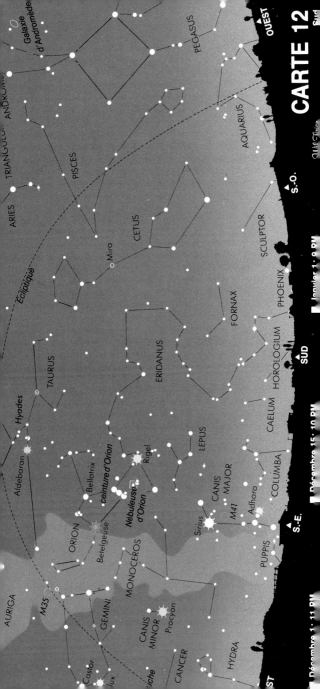

CARTE 12

OUEST · Sud

S.-O.

Janvier 1 · 9 PM

SUD

Décembre 15 · 10 PM

S.-E.

Décembre 1 · 11 PM

EST

Galaxie d'Andromède

PEGASUS

ANDROMEDE

TRIANGULUM

ARIES

PISCES

AQUARIUS

CETUS

Mira

SCULPTOR

Écliptique

FORNAX

PHOENIX

TAURUS

Hyades

Aldebaran

ERIDANUS

HOROLOGIUM

CAELUM

Bellatrix

ceinture d'Orion

Rigel

LEPUS

COLUMBA

Nébuleuse d'Orion

CANIS MAJOR

ORION

Adhara

Betelgeuse

M41

Sirius

MONOCEROS

PUPPIS

AURIGA

M35

GEMINI

CANIS MINOR

Procyon

HYDRA

Castor

CANCER

Faites connaissance avec les constellations

LA GRANDE OURSE, LA PETITE OURSE

Ces deux constellations sont parmi les plus familières du ciel. À des latitudes moyennes au nord de l'équateur, elles sont visibles toute l'année.

Dans la mythologie grecque, Zeus, le roi des dieux, tomba amoureux de Callisto. Ils eurent un enfant, Arcas. D'après une des légendes, à cause de la jalousie de sa femme Héra, Zeus aurait changé Callisto en ourse. Quand Arcas fut plus âgé, il faillit tuer sa mère par mégarde. Pour protéger Callisto, Zeus changea Arcas en une autre ourse et plaça les deux ourses dans le ciel. Il les amena dans le ciel en les tenant par la queue, ce qui explique la longueur de leurs queues. Héra, dans sa jalousie, convainquit le dieu de la mer, Poséidon, d'empêcher les deux ourses de se baigner dans la mer. En effet, la Grande Ourse et la Petite Ourse restent toujours au-dessus de l'horizon et, par conséquent, sont visibles dans le ciel toute la nuit.

Les étoiles principales de ces deux constellations sont appelées le Grand et le Petit Chariot (voir p. 10). La figure qu'elles dessinent affecte la forme d'une casserole. L'étoile au centre du «manche» de la Grande Casserole est une étoile double que l'on peut distinguer à l'œil nu. L'étoile plus brillante s'appelle Mizar et la seconde Alcor. Les Indiens d'Amérique les appelaient le Cheval et le Cavalier. Au télescope, on observe que Mizar est elle-même une étoile double.

Suivez la direction dans laquelle pointent les Gardes (les deux étoiles du bol à l'opposé du manche) et cela vous mènera à l'Étoile polaire qui se trouve au bout du manche de la Petite Casserole (Petite Ourse). L'Étoile polaire est l'étoile brillante la plus proche du pôle nord céleste, soit à 1° de ce dernier. L'Étoile polaire fait le tour du pôle céleste une fois par jour. À part les deux étoiles situées à l'extrémité du «bol», les étoiles de la Petite Ourse sont peu perceptibles.

ORION

Orion, une constellation d'hiver, est une des plus faciles à repérer dans le ciel. Trois étoiles alignées et d'éclat similaire forment sa ceinture. L'étoile rougeâtre Bételgeuse est à environ 9° au-dessus de la ceinture tandis que Rigel, de couleur bleue, se trouve à environ 9° sous la ceinture. Bételgeuse est une étoile supergéante froide, une des plus grosses étoiles connues. Rigel est une étoile chaude.

Dans la mythologie grecque, Orion était un chasseur. Le dieu-soleil, Apollon, avait peur qu'il s'empare de sa sœur Artémis, la déesse de la chasse. Apollon envoya le Scorpion attaquer Orion; ce dernier s'échappa en courant dans la mer. Puis Apollon prit sa sœur au piège en lui disant de lancer une flèche vers un point noir sur les vagues; sa flèche tua Orion. Artémis ne put obtenir de ramener Orion à la vie, mais elle le plaça dans le ciel où le Scorpion continue toujours à le poursuivre (voir cartes 1-3, 11 et 12 horizon sud).

Dans le ciel, l'épée d'Orion pend à sa ceinture. Une tache de lumière diffuse dans l'épée, et visible aux jumelles, s'identifie à la nébuleuse photographiée ci-dessous. À l'intérieur de ce nuage de gaz brillant, on découvre une pouponnière d'étoiles en formation.

La Nébuleuse d'Orion, un nuage de gaz luminescent situé dans l'épée du Chasseur.

CASSIOPÉE

Cassiopée était la reine d'Éthiopie, mariée au roi Céphée. Cette reine, pleine d'orgueil, prétendait qu'elle était plus belle que les nymphes des mers. Les «nymphes» obtinrent que le roi de la mer, Neptune, punisse Cassiopée en envoyant la Baleine dévaster le royaume. Un oracle annonça qu'il fallait sacrifier Andromède, fille de Céphée et de Cassiopée, à la baleine pour sauver le royaume.

Tous les personnages de cette légende sont visibles dans le ciel. Cassiopée prend la forme d'un W et ses étoiles vont de la magnitude 2 à 3,5 (on voit Cassiopée sur toutes les cartes qui représentent l'horizon nord).

La constellation de Cassiopée se situe dans la Voie lactée. Plusieurs nébuleuses (nuages de gaz et de poussière) et amas d'étoiles s'y rencontrent: il suffit de balayer la région avec des jumelles pour les voir. En 1572, on observa une nouvelle étoile très brillante dans cette constellation. Elle était brillante au point de l'apercevoir en plein jour pendant plusieurs semaines. C'était une supernova, une étoile en explosion (voir p. 74). Aujourd'hui, il reste encore des traces du gaz éjecté par l'étoile. Sur la photographie ci-dessous, on a rendu visibles les ondes radioélectriques émises par la coquille de gaz d'une supernova plus récente.

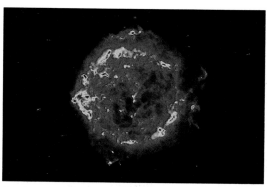

Cette photo reproduit les ondes radioélectriques émises par le gaz éjecté lors de l'explosion d'une supernova dans Cassiopée à la fin du 17ᵉ siècle. Dans le ciel, la dimension de la région d'émission des ondes équivaut au quart du diamètre de la Lune.

ANDROMÈDE

Quand nous avons laissé Cassiopée, les dieux avaient demandé le sacrifice de sa fille Andromède pour sauver le royaume. Andromède fut attachée à un rocher au bord de la mer, pour être attaquée par la Baleine. Heureusement Persée la délivra. Il changea la Baleine en pierre en lui montrant la Tête de la Méduse, un monstre qu'il venait de tuer (voir p. 52).

Dans le ciel, Andromède côtoie Cassiopée (voir cartes 1-3, 7-10 horizon nord; Andromède est trop près du zénith pour apparaître sur les cartes 11 et 12). Persée est la constellation voisine d'Andromède.

Au milieu d'Andromède, il est possible d'apercevoir une faible tache de lumière si le ciel est très noir. Cette tache de lumière est la fameuse galaxie d'Andromède, connue sous le nom de M31 dans le catalogue de Messier. C'est une spirale composée de centaines de milliards d'étoiles, de gaz et de poussière. Cette galaxie, probablement très semblable à la nôtre, est située à plus de 2 millions d'années-lumière de nous; ce qui veut dire que la lumière de cet objet a voyagé pendant plus de 2 millions d'années pour nous parvenir. Dans le ciel, cette galaxie est l'objet le plus lointain visible à l'œil nu.

La Grande Galaxie d'Andromède, M31, est une galaxie spirale. Ses deux galaxies satellites sont également visibles sur la photo. Toutes trois se trouvent derrière les étoiles du premier plan qui appartiennent à notre galaxie.

PERSÉE

Persée, dans la mythologie grecque, fut aidé par la déesse Athéna qui lui donna un bouclier si bien poli qu'on pouvait s'y mirer. Persée fut envoyé pour tuer les sœurs appelées «Gorgones», des monstres ailés si laids que toute personne qui les regardait était changée en pierre. Persée réussit à couper la tête de Méduse, une des sœurs, sans la regarder directement. Il utilisa le bouclier d'Athéna comme miroir pour la viser avec son épée. Ainsi il ne fut pas changé en pierre. Persée sauva Andromède enchaînée à son rocher, en montrant la tête de la Méduse à la Baleine qui se changea en pierre (voir p. 50).

Dans le ciel, Persée côtoie Andromède dans la Voie lactée. Toutes deux sont hautes dans le ciel les soirs d'hiver. Avec des jumelles, on peut apercevoir deux amas ouverts juxtaposés au milieu de la Voie lactée, dans Persée. Les deux amas apparaissent sur la photo ci-dessous.

Un autre objet remarquable dans Persée est l'étoile variable Algol. À tous les 2,9 jours, Algol voit son éclat diminuer pour une période de cinq heures. Elle passe de la magnitude 2,2 à 3,5, puis retrouve sa magnitude de 2,2. Ceci se produit parce qu'Algol est une étoile double : une des étoiles passe devant celle qui est plus brillante et l'éclipse.

Les deux amas ouverts côte à côte dans Persée. Les étoiles de ces amas sont très jeunes.

PÉGASE

Quand Persée tua la Méduse avec son épée, le cheval ailé Pégase naquit du sang de Méduse. Pégase était sauvage et le héros Bellérophon dut l'apprivoiser. Les divers succès de Bellérophon le rendirent orgueilleux et il tenta d'atteindre l'Olympe, la demeure des dieux, avec le cheval Pégase. Les dieux se fachèrent et Zeus, le roi des dieux, envoya un taon piquer Pégase. Le cheval désarçonna Bellérophon qui fut gravement blessé. Quant à Pégase, il continua sa course jusqu'au Mont Olympe et vers les étoiles.

Dans le ciel, on reconnaît Pégase grâce à quatre étoiles qui forment un grand carré. Les étoiles de ce carré constituent le corps du cheval et sont séparées par 10° (la largeur d'un poing tenu à bout de bras). Pour repérer le Grand Carré de Pégase, suivez la direction indiquée par les Gardes de la Grande Ourse vers la Polaire et continuez au-delà de cette dernière. Une des étoiles du carré appartient maintenant à Andromède (cartes 1, 7 et 8 (horizon nord); 10 (horizon sud); 11 et 12). Les trois autres étoiles appartiennent uniquement à Pégase. Les quatre étoiles ont une magnitude comprise entre 2 et 3. Il n'y a pas d'étoiles brillantes dans le carré.

M15, un amas globulaire dans Pégase, est visible seulement avec des jumelles ou dans un télescope. C'est le 15ᵉ objet du catalogue de Messier (voir p. 19).

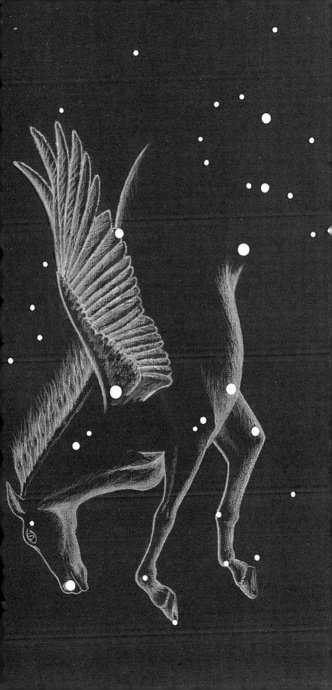

LE TAUREAU

Dans la mythologie grecque, le Taureau et Zeus ne faisaient qu'un. Zeus s'était déguisé en taureau blanc dans le but d'attirer l'attention d'Europe, la princesse de Phénicie. Europe trouva le taureau si attrayant qu'elle grimpa sur son dos et Zeus s'envola avec elle.

Dans le ciel, le Taureau charge Orion (voir cartes 1-3, 10-12, horizon sud). Seulement la tête et les cornes du Taureau forment la constellation dans le ciel. La tête du Taureau est constituée d'un amas ouvert en forme de V, les Hyades. L'étoile rouge et brillante, Aldébaran, marque l'œil du Taureau.

Les Pléiades, un autre amas ouvert, sont assises sur le dos du Taureau. Avec un peu d'entraînement on repère facilement les Pléiades dans le ciel. Celles-ci étaient les sept filles d'Atlas dans la mythologie grecque. Six des sept étoiles ont une magnitude proche de 4 et sont faciles à voir à l'œil nu ; certaines personnes, au regard perçant, distinguent deux autres étoiles plus faibles. Des jumelles ou un télescope en révèlent des douzaines de plus dans l'amas, comme le montre la photo ci-dessous.

Les Pléiades : six étoiles sont faciles à voir à l'œil nu. Atlas, et Pléione au-dessus, sont les deux plus brillantes étoiles à gauche. Alcyone est située au centre de la photo. En continuant dans le sens anti-horaire autour du diamant, on trouve Mérope, Electra et Maia. Les étoiles sont jeunes et certaines sont encore entourées d'une partie de la poussière de laquelle elles se sont formées.

LE CYGNE

Hélios, le père du jeune mortel Phaéton, était le dieu Soleil qui, chaque jour, était censé transporter le Soleil le long du ciel dans un chariot. Un jour, Phaéton supplia son père de le laisser conduire le chariot. Phaéton conduisit imprudemment et perdit le contrôle. Zeus, pour sauver la Terre de la chaleur du Soleil foudroya le chariot. Phaéton tomba dans une rivière et son ami, Cycnos, plongea à son secours. Hélios transforma Cycnos en Cygne et le plaça dans le ciel.

Dans le ciel, la constellation du Cygne repose dans la Voie lactée (voir cartes 4-7 et 9-12, horizon nord; le Cygne est trop haut pour apparaître sur la carte 8, horizon nord). Ses étoiles les plus brillantes forment la Croix du Nord. Deneb, une étoile brillante , marque la queue du Cygne. Cette constellation se tient haute dans le ciel d'été. Les trois étoiles brillantes Deneb, Véga (dans la Lyre) et Altaïr (dans l'Aigle) constituent le Triangle d'Été. Altaïr est à environ 40° de Deneb et Véga.

Albireo, située à la tête de la Croix du Nord, est une jolie étoile double. Avec des jumelles, on distingue deux étoiles de couleurs différentes.

Photo de la Voie lactée dans la région du Cygne.

HERCULE

Hercule était le héros grec le plus célèbre. Dans la mythologie, il était le fils de Zeus, roi des dieux, et de la petite-fille de Persée. La femme de Zeus, la jalouse Héra, empêcha Hercule de siéger sur le trône comme cela lui revenait. Elle envoya même deux serpents pour l'assassiner dans son berceau mais Hercule, encore bébé, les étouffa de ses mains. Plus tard, il fut obligé de servir un autre roi qui lui imposa d'exécuter 12 grands travaux. Son premier exploit fut d'étrangler un lion (voir Lion p. 62) dont il revêtit la peau. Voici d'autres travaux qu'Hercule dut accomplir : nettoyer les écuries du roi Augias en un jour ; cueillir les pommes d'or d'un jardin gardé par un dragon ; enchaîner Cerbère, le chien à trois têtes, gardien du royaume des morts. Hercule mourut sur le bûcher funéraire qu'il avait lui-même dressé et son esprit fut emporté vers l'Olympe.

Les quatre étoiles en trapèze, au centre de la constellation, sont connues sous le nom de Clé de Voûte (voir cartes 3-5 et 8-10, horizon nord). Au milieu d'un des côtés, on y trouve M13, un amas globulaire. Il est à la limite de la détection à l'œil nu ; aux jumelles ou dans un télescope il a l'aspect d'une petite tache de lumière ronde et brumeuse. L'amas contient environ 100 000 étoiles entassées dans une région de l'espace relativement restreinte.

L'amas globulaire le plus remarquable de l'hémisphère nord, M13 dans Hercule.

LE LION

Dans la mythologie grecque, le Lion était la bête féroce abattue par Hercule lors de son premier exploit.

Dans le ciel, on repère le Lion en suivant la ligne reliant les Gardes de la Grande Ourse dans la direction opposée à celle de l'Étoile polaire. À une distance équivalente au double de celle entre les Gardes et la Polaire, on aboutit à Régulus, une étoile relativement brillante. Cette étoile forme avec quelques autres une sorte de faucille qui correspond à la tête et à la crinière du Lion (voir cartes 1, 2; 3 et 4, horizon sud; 5 et 6; 7 et 12, horizon nord). La constellation du Lion occupe sa position la plus haute dans le ciel au coucher du Soleil, en hiver et au printemps.

Chaque année, vers le 17 novembre, la Terre croise la trajectoire suivie par une ancienne comète. Des poussières laissées par la comète entrent dans l'atmosphère terrestre et s'enflamment. Nous assistons alors à une pluie de météores (étoiles filantes), les Léonides; les météores semblent jaillir de la constellation du Lion. Une accumulation de poussière à un endroit de l'orbite de la comète provoque, tous les 33 ans, une pluie de météores spectaculaire. La dernière pluie spectaculaire a été vue en 1966. On prévoit donc un autre événement similaire en 1998 ou 1999.

En 1966 les Léonides ont été d'une intensité exceptionnelle. Sur la photo les météores ont laissé des traînées lumineuses qui convergent vers un point situé dans la constellation du Lion (remarquez la faucille). Comme l'obturateur de la caméra a été ouvert pendant 3 minutes, on voit sur la photo que les étoiles ont laissé une courte traînée lumineuse. Deux météores ont une image ponctuelle car ils se dirigeaient directement vers la caméra.

LE GRAND CHIEN

Le Grand Chien est souvent considéré comme le compagnon d'Orion. Il est voisin d'Orion dans le ciel (voir cartes 1-3, et 11-12, horizon sud). Le Grand Chien semble également prêt à se précipiter sur le Lièvre, un des animaux chassés par Orion.

La plus brillante étoile de la constellation est Sirius, l'étoile-chien. On la repère facilement, d'une part parce que c'est la plus brillante du ciel, et aussi parce que la ceinture d'Orion pointe dans sa direction. Quand Orion se tient debout devant vous, avec Bételgeuse vers le haut, Sirius se trouve à gauche de la ceinture.

Chaque année, au mois d'août, Sirius est visible dans le ciel un certain temps avant le lever du Soleil. D'où l'attribution du nom «canicule» (du latin, chien) aux journées de grandes chaleurs estivales.

À environ 4° (la largeur de deux doigts) au sud de Sirius, on peut observer un amas ouvert dont le nom est M41 (le 41e dans le catalogue de Messier). Comme tous les amas de ce genre, il contient quelques centaines de jeunes étoiles et n'a pas de forme particulière. Cet amas stellaire est à peine visible à l'œil nu. Avec des jumelles ou dans un télescope c'est un objet magnifique qui couvre, dans le ciel, à peu près le même espace que la Pleine Lune.

Sirius est une étoile importante pour les astronomes. Elle possède une compagne, une étoile beaucoup plus petite et connue sous le nom de Sirius B, qui orbite autour d'elle. Sirius B fut la première étoile naine blanche à être découverte (voir p. 74).

M41, un amas ouvert dans le Grand Chien.

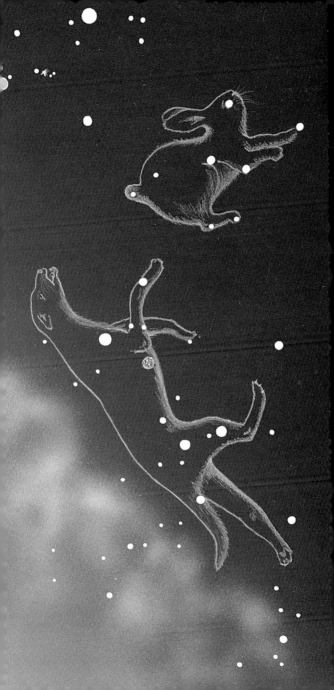

LE SAGITTAIRE

Le Sagittaire, dans la mythologie grecque, est non seulement un archer mais aussi un centaure, i.e. un être mi-humain mi-cheval. Parfois on identifie le Sagittaire à Chiron, le plus futé des centaures.

Dans le ciel, cette constellation (cartes 5-10) est facilement reconnaissable grâce à ses étoiles principales qui dessinent une théière. Ces étoiles se situent près de l'arc et de la flèche de l'archer. Les soirs d'été sont la meilleure époque de l'année pour observer le Centaure, bien que celui-ci ne soit jamais très haut dans le ciel. L'écliptique (la partie du ciel où on rencontre les planètes) et la Voie lactée traversent la constellation. Et c'est dans la direction du Centaure que se trouve le centre de notre Galaxie. Les champs d'étoiles y sont particulièrement denses, sans compter les nébuleuses et les amas stellaires. La photo ci-dessous montre la nébuleuse du Lagon (M8) : il s'agit d'un nuage de gaz émettant de la lumière grâce à l'énergie reçue des étoiles qu'il renferme. La nébuleuse contient de la poussière obscure qui dessine la forme d'un lagon qu'on peut voir aux jumelles ou avec un télescope. À l'œil nu, on peut arriver à distinguer la nébuleuse qui se présente sous la forme d'une faible tache de lumière ayant un diamètre semblable à celui de la Pleine Lune.

À quelques degrés de la Nébuleuse du Lagon reposent d'autres magnifiques nébuleuses et amas stellaires. Il vaut la peine de balayer cette région du ciel aux jumelles.

La Nébuleuse du Lagon dans le Sagittaire. Ce sont des nuages de poussière obscure qui dessinent le lagon visible sur la photo. La lumière rougeâtre émise par le reste de la nébuleuse est produite par des atomes d'hydrogène. La couleur rouge apparaît uniquement sur les photographies obtenues avec des temps de pose prolongés.

Les constellations au cours de l'année

La Terre tourne sur elle-même (rotation) en un jour et décrit une orbite autour du Soleil (révolution) en une année. Mais comment mesure-t-on un mouvement de rotation? Les astronomes mesurent la longueur du jour de deux façons: par rapport au Soleil et par rapport aux étoiles. Les mesures relatives aux étoiles sont appelées *sidérales*.

Quand la Terre a fait un tour sur elle-même par rapport au Soleil, un jour solaire ordinaire s'est écoulé. Quand la Terre fait un tour par rapport aux étoiles, elle a également parcouru $1/365$ de son orbite autour du Soleil (car il y a 365 jours dans l'année). La Terre doit donc continuer à tourner encore un peu pour qu'un observateur sur la Terre voit le Soleil revenir au même endroit dans le ciel. En fait, elle doit tourner pendant encore $1/365$ de jour, ce qui correspond à 3 minutes 56 secondes. Donc le jour solaire dure 3 minutes 56 secondes de plus qu'un jour sidéral.

Par conséquent, les constellations se lèvent près de 4 minutes plus tôt chaque jour. Après un mois, elles se lèvent environ 30 jours X 4 minutes par jour = 120 minutes = 2 heures plus tôt. On peut remarquer cette différence sur les cartes du ciel aux pages 20 à 43. Ainsi nous observons des constellations différentes de saison en saison.

Si nous étions au pôle nord, nous verrions toujours les constellations de l'hémisphère nord et jamais celles de l'hémisphère sud. Si nous étions à l'équateur, nous verrions toutes les constellations du ciel. Nous sommes à des latitudes situées environ à mi-chemin entre l'équateur et le pôle nord; pour nous, certaines constellations sont toujours visibles (les *circumpolaires*) et d'autres le sont seulement à certaines heures et à certaines époques de l'année.

Les constellations circumpolaires sont toujours visibles mais parfois on les trouve au-dessus du pôle nord céleste et parfois en-dessous. Ces constellations seront donc plus faciles à observer quand elles seront au-dessus du pôle nord céleste, donc plus hautes dans le ciel.

Les constellations circumpolaires
(à la latitude de 40° nord)

Petite Ourse
Grande Ourse
Girafe
Cassiopée
Dragon

Constellations d'hiver (début de la nuit)

Partie nord du ciel	Partie sud du ciel
Pégase	Baleine
Lézard	Taureau
Andromède	Orion
Poissons	Éridan
Triangle	Lièvre
Bélier	Grand Chien
Persée	Licorne
Cocher	Petit Chien
Gémeaux	Gémeaux
Crabe	Hydre femelle

Constellations de printemps (début de la nuit)

Partie nord du ciel	Partie sud du ciel
Cocher	Vierge
Gémeaux	Corbeau
Lynx	Coupe
Chiens de chasse	Lion
Bouvier	Hydre femelle
Couronne boréale	Crabe
	Gémeaux

Constellations d'été (début de la nuit)

Partie nord du ciel	Partie sud du ciel
Chevelure de Bérénice	Petit Cheval
Chiens de chasse	Dauphin
Bouvier	Aigle
Couronne boréale	Bouclier
Hercule	Serpentaire
Lyre	Serpent (tête)
Renard	Vierge
Cygne	Balance
Lézard	Scorpion

Constellations d'automne (début de la nuit)

Partie nord du ciel	Partie sud du ciel
Couronne boréale	Poissons
Hercule	Verseau
Lyre	Petit Cheval
Cygne	Capricorne
Lézard	Sagittaire
Pégase	Serpentaire
Andromède	Bouclier

Cycle de vie des étoiles

Les nébuleuses et la naissance d'une étoile

Dans l'espace entre les étoiles on rencontre de géants nuages de gaz et de poussière que l'on appelle *nébuleuses*. Plusieurs de ces nébuleuses sont visibles aux jumelles; elles apparaissent la plupart du temps comme des taches de lumière de faible intensité. À l'œil nu, on ne voit pas les couleurs comme sur la photographie ci-dessous. Seules des photographies à long temps de pose pourront faire ressortir les couleurs. Malgré tout, il est fort passionnant de fouiller le ciel à la recherche de ces objets nébuleux.

Il y a plusieurs types de nébuleuses. Certaines contiennent à la fois du gaz qui émet de la lumière et de la poussière opaque : c'est le cas de la Tête de Cheval que l'on voit ci-dessous. La poussière opaque empêche de voir très profondément dans la nébuleuse. Plusieurs des étoiles sur la photo sont jeunes; elles se sont formées à partir du gaz et de la poussière de la nébuleuse.

Les Pléiades (p. 56) sont un amas d'étoiles enveloppées dans un nuage de poussière. Une partie de la lumière de ces étoiles est réfléchie vers la Terre par la poussière. Il en résulte une *nébuleuse à réflexion*.

Les nuages de gaz luminescent, les nuages de poussière opaques et les nébuleuses à réflexion sont trois types de *nébuleuses diffuses*.

La nébuleuse en Tête de Cheval située sous l'étoile gauche de la ceinture d'Orion. Des nuages de poussière opaques absorbent la lumière des étoiles situées derrière les nuages et dessinent une tête de cheval.

Un autre type de nébuleuses est communément appelé *nébuleuses planétaires,* bien qu'elles n'aient rien de commun avec les planètes. Elles tirent leur nom du fait que, vues au télescope, elles ressemblent aux petits disques verdâtres des planètes Uranus et Neptune. La Nébuleuse-Anneau de la Lyre, que l'on voit au bas de la page, est facile à voir avec de petits télescopes. Elle a l'aspect d'un anneau de fumée ; seule une photographie à longue exposition révèle ses couleurs.

Les nébuleuses planétaires sont produites par des étoiles comme le Soleil lorsqu'elles sont parvenues à la fin de leur vie, après quelque 10 milliards d'années. On croit que le Soleil a déjà atteint la moitié de sa vie, c'est dire qu'il formera une nébuleuse planétaire dans 5 milliards d'années. Il commencera par enfler jusqu'à devenir une énorme étoile froide appelée géante rouge. Puis les couches externes de la géante rouge seront rejetées dans l'espace sous forme de coquille de gaz. Il restera au centre de la nébuleuse planétaire une étoile chaude de couleur bleue.

Les étoiles plus massives que le Soleil connaissent une mort différente : elles éclatent dans une gigantesque explosion connue sous le nom de supernova. Les restes d'une supernova se dispersent dans l'espace et forment une nébuleuse diffuse. La nébuleuse du Crabe, dans le Taureau, et la nébuleuse du Voile, dans le Cygne, sont des exemples de vestiges de supernovae.

La Nébuleuse-Anneau dans la Lyre. Au centre de la nébuleuse planétaire, on aperçoit une étoile chaude et bleuâtre. Le gaz constituant la nébuleuse a été rejeté de l'étoile durant les derniers 50 000 ans.

Les étoiles et les amas stellaires

Les étoiles sont des sphères de gaz maintenus ensemble par la force de gravité. Notre Soleil est une étoile moyenne. Au centre, sa température atteint les 15 millions de degrés Celsius et celle de sa surface est d'environ 6000°C. Il pourrait contenir un million de fois la Terre. Certaines étoiles sont 15 fois moins massives que le Soleil alors que d'autres le sont 60 fois plus. Des étoiles peuvent être 3 fois plus froides que le Soleil et d'autres, environ 10 fois plus chaudes.

Quand on chauffe une tige de fer, elle commence par rougir un peu, puis elle brille d'un plus vif éclat et la lumière émise devient jaunâtre ; si on chauffe encore plus elle prend une couleur blanc bleu. Pareillement, les étoiles froides sont rougeâtres. Les étoiles plus chaudes, comme le Soleil, sont jaunâtres et les plus chaudes de toutes sont blanc bleu. Ainsi Bételgeuse, dans l'épaule d'Orion, est une étoile froide rougeâtre. Rigel, dans le talon d'Orion, et les étoiles de la ceinture sont des étoiles chaudes blanc bleu (voir p. 11). Les astronomes indiquent la température superficielle des étoiles par une série de lettres : O B A F G K M où les étoiles de types O sont les plus chaudes et celles de types M les plus froides. Le Soleil est de type G.

Alors que le Soleil est une étoile simple, la plupart des étoiles ont des compagnons. Ces *étoiles doubles* (ou multiples) sont constituées de deux étoiles (ou plus) qui orbitent l'une autour de l'autre, unies par la force de gravité. Dans la plupart des cas elles mettent des années ou des siècles à parcourir une orbite complète.

L'Amas de la Ruche est un amas ouvert dans le Crabe. L'objet surexposé, à gauche, est la planète Jupiter.

Beaucoup d'étoiles naissent dans des amas qui sont de deux types. Les *amas ouverts* renferment des centaines d'étoiles et n'ont pas de forme particulière. Dans le ciel on voit simplement un groupe d'étoiles rapprochées les unes des autres. Ces étoiles sont nées du même nuage de gaz et de poussière. Elles sont encore jeunes : agées de «seulement» quelques millions ou de quelques milliards d'années. Les Pléiades (p. 56), les Hyades dans le Taureau, et l'amas de la Ruche dans le Crabe sont des exemples d'amas ouverts visibles à l'œil nu ou aux jumelles.

Les *amas globulaires*, eux, sont des essaims d'étoiles compacts et de forme sphérique contenant des centaines de milliers d'étoiles. Celles-ci orbitent autour du centre de l'amas. Les étoiles sont très vieilles : environ 10 milliards d'années. M13 (p. 60), dans Hercule, est l'amas globulaire le plus facile à voir dans le ciel de l'hémisphère nord. Plus le diamètre du télescope utilisé est grand plus on peut distinguer d'étoiles individuelles dans un amas.

M5, un amas globulaire dans le Serpent.

Les naines blanches et les supernovae

Une étoile est comme une boule de gaz incandescent. Quand elle a épuisé son combustible nucléaire en son centre, elle s'effondre sur elle-même. Ce qui se passe alors dépend de sa masse initiale. Une étoile ayant une masse égale ou inférieure à celle du Soleil produit une nébuleuse planétaire. L'étoile restante devient une naine blanche, une étoile minuscule ayant la taille de la Terre et une masse similaire à celle du Soleil. Une cuillerée à thé de matière d'une naine blanche pèse plusieurs tonnes. Il n'y a pas de naines blanches visibles à l'œil nu. La plus facile à détecter est Sirius B, en orbite autour de Sirius, mais il faut un télescope assez puissant pour l'observer.

Lorsqu'une naine blanche fait partie d'une étoile double, elle peut recevoir de la matière de son compagnon. Quand la matière tombe sur la naine blanche, les atomes subissent une réaction nucléaire et son éclat augmente; l'étoile devient une *nova*. À l'occasion, il est possible d'apercevoir une nova à l'œil nu. Quelquefois la naine blanche reçoit tellement de matière qu'elle s'effondre à nouveau. Cet effondrement déclenche des réactions nucléaires intenses et provoque un brusque accroissement de lumière. Nous observons alors un premier type de *supernova*.

L'autre type de supernova se produit quand une étoile plus massive que le Soleil a transformé tout l'hydrogène de son noyau central en fer. Alors l'étoile s'effondre et explose presque entièrement (voir page suivante).

Les deux types de supernova sont des événements très rares. Les astronomes en détectent quelques-unes chaque année, presque toujours dans des galaxies lointaines. Aucune n'a été observée dans notre propre Galaxie depuis 1604, cinq ans avant l'invention du télescope. Personne n'a vu la supernova de 1667 dont nous détectons aujourd'hui les ondes radioélectriques (voir p. 48). Mais pour la première fois depuis 1604, on a pu voir à l'œil nu une supernova en 1987. Cette supernova, que nous voyons sur la page suivante, devint plus brillante qu'une étoile de 3e magnitude. Elle était située dans le Grand Nuage de Magellan (p. 81), un satellite de notre Galaxie, et n'était visible que dans l'hémisphère sud.

La Supernova de 1987 dans le Grand Nuage de Magellan (photo du bas) apparaît
là où, auparavant, il y avait une étoile supergéante à peine visible (photo du haut).

Les Pulsars et les Trous noirs

L'explosion d'une supernova répand les couches externes de l'étoile dans l'espace. Parfois on peut observer les restes de la matière éjectée pendant des siècles. La Nébuleuse du Crabe, ci-dessous, est ce qui reste d'une supernova qui explosa il y a 900 ans. Bien que ce soit le premier objet du catalogue de Messier, cette nébuleuse est peu visible dans un petit télescope.

La matière située dans le noyau d'une supernova est compressée pendant l'explosion. Elle s'effondre sur elle-même et devient une très petite *étoile à neutrons* contenant une masse légèrement supérieure à celle du Soleil. Toute cette masse est comprimée dans un volume d'environ 10 kilomètres de diamètre, la dimension d'une ville. Généralement, l'étoile à neutrons est si minuscule et si peu brillante qu'elle est presque invisible. Mais on peut la détecter par les pulsations d'ondes radioélectriques qu'elle émet. Certaines étoiles à neutrons en rotation émettent des faisceaux d'ondes radioélectriques qui balaient le ciel tout comme le faisceau lumineux d'un phare. Nous enregistrons une impulsion d'ondes chaque fois que le faisceau atteint la Terre : nous appelons alors ces objets des *pulsars*. Les pulsars connus peuvent accomplir jusqu'à 642 rotations par seconde. Les plus lents effectuent une rotation en 4 secondes, ce qui est encore rapide pour un objet de la masse d'une étoile.

Quelques pulsars, comme celui au centre de la Nébuleuse du Crabe, peuvent être détectés optiquement avec de grands télescopes. Le pulsar du Crabe émet 30 éclairs à la seconde.

La Nébuleuse du Crabe, M1, vestige de l'explosion d'une supernova observée sur Terre en 1054.

Parfois le noyau d'une supernova contient un surplus de masse. La force de gravité est alors trop forte pour que l'étoile cesse de s'effondrer au stade d'une étoile à neutrons. L'étoile continue donc à se rétrécir sans fin. Lorsqu'une telle étoile atteint une certaine dimension critique, l'espace se recourbe sur lui-même, et rien ne peut plus s'échapper de l'étoile, pas même la lumière. C'est comme si la force de gravité était suffisamment puissante pour ramener la lumière vers elle. Nous appelons de tels objets des *trous noirs*.

Les trous noirs n'émettent pas de lumière, c'est pourquoi ils sont invisibles. Mais on peut détecter des rayons X émis par le gaz juste à l'extérieur du trou noir. Ce gaz est en orbite autour du trou noir. Des satellites d'observation en orbite autour de la Terre ont localisé plusieurs trous noirs possibles. Le plus célèbre se trouve dans la constellation du Cygne.

Pour déterminer l'existence d'un trou noir, les astronomes observent des étoiles doubles qui émettent un flux variable de rayons X. Si l'étoile unique qu'ils voient a un mouvement de va-et-vient, ils en concluent qu'elle a un compagnon invisible qui pourrait être un trou noir. Le gaz chaud, en orbite autour d'un trou noir, pourrait ressembler au gaz de couleur orange représenté à droite sur la peinture ci-dessous.

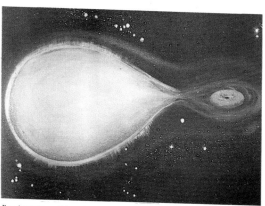

Représentation artistique du gaz en orbite autour d'un trou noir (à droite). Le gaz provient de l'étoile compagnon du trou noir (à gauche).

Les Galaxies

Notre Soleil et toutes les étoiles visibles dans le ciel font partie d'une vaste agglomération appelée la Galaxie de la Voie lactée. Celle-ci renferme quelque 1000 milliards d'étoiles ainsi que du gaz et de la poussière répandus entre les étoiles. La plupart des étoiles de la Voie lactée se retrouvent dans un gigantesque disque de 100 000 années-lumière de diamètre. (Année-lumière : distance parcourue par la lumière en une année.)

La Voie lactée que nous pouvons voir dans le ciel, la nuit, correspond au plan du disque de notre Galaxie. De notre position, au ⅔ de la distance centre-périphérie, nous ne pouvons pas apercevoir le centre de la Galaxie parce qu'il y a trop de gaz et de poussière. Dans la direction du centre, la concentration d'étoiles, de gaz et de poussière est plus grande. Cela explique pourquoi la Voie lactée est plus lumineuse dans la constellation du Sagittaire, direction où se trouve le centre de la Galaxie. C'est naturellement dans cette direction qu'on compte le plus de nébuleuses et d'amas stellaires.

Certaines galaxies ont une forme elliptique ; la nôtre a la forme d'une spirale. Ici nous voyons la galaxie elliptique géante M87 dans la Vierge. Elle a une particularité : on voit un jet de gaz qui suppose la présence de phénomènes très violents à l'œuvre en son centre.

78

De nombreuses galaxies, comme celle que l'on voit ci-dessous, ressemblent à la nôtre. Celle de la photo s'appelle la galaxie du Tourbillon; on peut l'observer dans un petit télescope, à quelques degrés au sud de l'étoile située au bout du «manche de la Grande Casserole». Elle se trouve à 15 millions d'années-lumière, ce qui n'est pas très loin pour une galaxie. Donc la lumière qu'elle nous envoie met 15 millions d'années à nous parvenir.

La galaxie du Tourbillon, la galaxie d'Andromède et notre Voie lactée sont des *galaxies spirales* dont les bras se déploient en forme de spirale. La galaxie d'Andromède est la galaxie spirale la plus proche de nous et donc, la plus facile à observer.

Deux plus petites *galaxies elliptiques* accompagnent la galaxie d'Andromède. Ces galaxies sont petites mais il existe aussi des galaxies elliptiques géantes. Avec un télescope d'ouverture moyenne vous pouvez voir plusieurs galaxies de différents types.

La galaxie du Tourbillon (M51) dans les Chiens de chasse avec une galaxie satellite à l'extrémité d'un de ses bras. Notre Voie lactée est aussi une spirale, mais dont les bras sont un peu plus resserrés.

Les galaxies sont tellement lointaines que l'on ne peut pas se déplacer suffisamment dans l'espace pour les voir d'un autre point de vue. Pour les étudier, il faut donc en observer un grand nombre. On en aperçoit un certain nombre par la tranche, comme celle de la photo ; d'autres sont inclinées et nous distinguons mieux leurs bras. Remarquez, sur la photo, comme la bande de poussière opaque se restreint au plan de la galaxie.

Les galaxies sont les cellules de base qui constituent l'univers. Aujourd'hui, les astronomes étudient comment les galaxies sont distribuées dans l'espace. Notre Galaxie, la galaxie d'Andromède et deux douzaines d'autres constituent l'Amas local de galaxies, lequel fait lui-même partie d'un amas de galaxies beaucoup plus grand. Les amas de galaxies (voir p. 83) semblent reliés en filaments géants qui se ramifient dans tout l'univers. Entre les filaments il y a d'immenses régions de l'espace presque dénudées de galaxies.

Il est intéressant de repérer quelques galaxies à l'aide de jumelles. Avec des télescopes de petite ouverture, on peut en observer une plus grande variété bien que ce ne soit pas chose facile.

La galaxie dite du Sombréro est une galaxie vue par la tranche.

Si un jour vous vous rendez près de l'équateur ou dans l'hémisphère sud, vous pourrez observer les deux galaxies photographiées ci-dessous. Elles offrent un joli spectacle, beau à voir aussi bien à l'œil nu qu'aux jumelles.

Ces galaxies s'appellent le Grand et le Petit Nuage de Magellan car elles furent aperçues par Magellan et son équipage lors de son voyage autour du monde au 16e siècle. Il faut être à l'équateur ou au sud de celui-ci pour les voir hautes dans le ciel. Ces galaxies portent bien leur nom car elles donnent l'impression d'être de pâles nuages blancs dans le ciel, lorsqu'on les regarde à l'œil nu. Ce sont deux galaxies irrégulières qui se sont peut-être détachées de la nôtre, la Voie lactée.

Les Nuages de Magellan peuvent être observés seulement près de l'équateur ou encore plus au sud. Ici, la Voie lactée se trouve à gauche et le Grand Nuage de Magellan est dans le coin supérieur droit; le Petit Nuage de Magellan, beaucoup moins lumineux, est près du coin inférieur droit.

Le Passé et le Futur de l'Univers

En mesurant la vitesse d'éloignement ou de rapprochement des objets qui se déplacent dans l'espace, les astronomes ont découvert que toutes les galaxies lointaines s'éloignent de la nôtre. Plus une galaxie est lointaine, plus elle s'éloigne rapidement de nous. En d'autres termes, l'univers est en expansion. Tout se passe comme si vous étiez assis sur un raisin d'un pain aux raisins en train de lever. Quel que soit le raisin sur lequel vous seriez assis, tous les autres raisins s'éloigneraient de vous. Et les raisins les plus lointains s'éloigneraient de vous plus vite car il y a plus de pâte en expansion entre ces derniers et vous.

Toutefois, on ne peut trouver de centre d'expansion dans l'univers. L'univers remplit tout l'espace et c'est l'espace lui-même qui augmente de volume. L'étude de l'histoire passée et future de l'univers s'appelle la *cosmologie*. Cette science progresse grâce à des observations astronomiques faites au sol ou par des satellites d'observation et aussi grâce à des études théoriques.

Si l'univers est en expansion, on peut se demander à quoi il ressemblait dans le passé. L'étude du mouvement des galaxies montre qu'il y a 12 à 20 milliards d'années, toute la matière de l'univers était comprimée en un seul point. Les astronomes en concluent que l'expansion de l'univers a commencé avec un Big Bang (une sorte d'explosion) qui marque l'origine de l'univers et du temps.

Les astronomes ont même détecté des ondes radioélectriques venant de tous les coins du ciel et qui ont été produites au début de l'univers, peu après le Big Bang. À l'origine, ce rayonnement cosmique était beaucoup plus énergétique, mais l'expansion de l'univers l'a transformé en ondes radio. Cette découverte est une preuve que l'univers a commencé par un Big Bang.

Qu'arrivera-t-il dans l'avenir? L'univers continuera-t-il son expansion à l'infini ou finira-t-il par se contracter? Les astronomes sont incapables de répondre à cette question. Toutefois, d'après les observations actuelles, on peut supposer que l'univers continuera son expansion pendant encore 50 milliards d'années.

Une des théories cosmologiques prétend que l'univers a subi une inflation accélérée au cours de la première seconde de son existence. Aujourd'hui, d'après la même théorie (dite de l'univers inflationnaire), le rythme d'expansion est moindre. La théorie conclut que l'expansion de l'univers continuera à l'infini mais à un rythme toujours ralentissant. À un moment donné, l'univers sera au point de passer de l'expansion à la contraction.

Pour avoir une meilleure idée de ce que sera le futur de l'univers, il faudra continuer les observations au sol et par satellites pour étudier les ondes radio, la lumière infrarouge et ultraviolette, les rayons X et les rayons gamma qui arrivent de l'espace.

Un amas de galaxies : dans cette région de l'espace plusieurs galaxies sont relativement proches les unes des autres.

Les Planètes et le Système Solaire

Autour de notre Soleil gravitent une myriade d'objets plus petits. Neuf de ces objets sont appelés planètes. Mercure, Vénus, Mars, Jupiter, Saturne sont connues depuis l'antiquité. Uranus fut découverte en 1781, Neptune en 1850 et Pluton en 1930. Les planètes tournent autour du Soleil sur des trajectoires elliptiques. Plus la dimension de l'orbite est grande, plus le temps mis pour la parcourir est long.

D'une nuit à l'autre, les planètes dans le ciel dérivent vers l'ouest par rapport aux étoiles. Mais à l'occasion, une planète peut changer la direction de son mouvement pendant quelques semaines. Ce phénomène se produit quand la Terre s'approche très près de l'autre planète, de la même façon qu'une auto semble reculer lorsqu'on la dépasse.

En plus des neuf planètes, un essaim de planètes mineures, appelées *astéroïdes*, sont en orbite autour du Soleil. Le plus gros a un diamètre d'environ 1000 km. La majorité des 3 000 astéroïdes répertoriés ont des orbites situées entre Mars et Jupiter. Certains cependant viennent jusqu'à l'intérieur de l'orbite terrestre. À toutes les quelques centaines de milliers d'années, un astéroïde de taille moyenne peut frapper la Terre et causer beaucoup de dégâts.

Très loin du Soleil, au delà de Pluton, gravite un immense nuage d'objets faits de glaces (gaz solidifiés) de différents éléments comme l'eau et le méthane. Parfois, certains de ces objets sont délogés de leurs lointaines orbites et se rapprochent du Soleil. Lorsque ces objets sont suffisamment près du Soleil, le gaz et la poussière dont ils sont faits s'évaporent, et la lumière et le vent solaires repoussent ces matériaux vers l'arrière pour former une longue queue. Nous appelons ces objets des comètes (voir p. 100).

Presque toutes les planètes et quelques comètes ont été étudiées par les sondes spatiales. Les observations ont révélé des aspects de l'atmosphère et de la surface des planètes qu'on n'avait pas pu découvrir avec les télescopes terrestres. Dans les pages suivantes, nous donnons une brève description des objets importants du système solaire ainsi que des indications pour vous aider à les observer.

Le système solaire

Planète	Rayon de la planète (km)	Rayon de l'orbite (millions) (km)	Terre = 1	Période de l'orbite (année)
Mercure	2 439	58	0,4	0,24
Vénus	6 052	108	0,7	0,62
Terre	6 378	150	1,0	1
Mars	3 393	228	1,5	1,9
Jupiter	71 400	778	5,2	11
Saturne	60 000	1 427	9,5	29
Uranus	26 200	2 871	19,2	84
Neptune	24 300	4 497	30,1	165
Pluton	1 160	5 914	39,5	249

Lunes	Rayon de la lune (km)	Rayon de de l'orbite (km)
Mercure : aucune		
Vénus : aucune		
Terre :		
la Lune	1 738	384 500
Mars :		
Phobos	13 X 10 X 9	9 378
Deimos	8 X 6 X 5	23 459
Jupiter :		
Io	1 815	422 000
Europe	1 559	671 000
Ganymède	2 631	1 070 000
Callisto	2 400	1 885 000
et plus d'une douzaine de lunes de petite taille		
Saturne :		
Mimas	195	185 600
Encelade	255	238 100
Théthys	525	294 700
Dioné	560	377 500
Rhéa	765	527 200
Titan	2 575	1 221 600
Japet	730	3 560 000
et plus d'une douzaine de lunes de petite taille		
Uranus :		
Miranda	242	129 800
Ariel	580	191 200
Umbriel	595	266 000
Titania	805	435 800
Oberon	775	582 600
et au moins 10 autres lunes de petite taille		
Neptune :		
Triton	1 300	354 000
Néréide	170	5 570 000
plus six autres lunes découvertes par la sonde Voyager 2 en 1989		
Pluton :		
Charon	600	19 000

MERCURE

Mercure est la planète la plus proche du Soleil et sa surface est brûlante. Elle tourne lentement sur elle-même. Sa température, au sol, atteint 400°C. À cause de sa proximité du Soleil, on ne peut l'apercevoir, à l'ouest, que pendant environ une heure après le coucher du Soleil, et à l'est, pendant environ une heure avant le lever du Soleil. Lorsque décelable dans le ciel, c'est un objet brillant dont l'éclat est constant. Beaucoup de gens n'ont jamais eu l'occasion de voir cette planète car, passant la majeure partie du temps trop près du Soleil, on la perd dans son éclat.

Quand on observe Mercure à partir de la Terre, la lumière qu'elle envoie doit traverser notre atmosphère dont l'air est turbulent, surtout au ras du sol. Les plus belles vues de Mercure nous sont venues de la sonde Mariner 10 en 1974 (voir la photo ci-dessous). Aussi dénuée d'atmosphère que notre Lune, Mercure est recouverte de cratères. À la surface, on relève un certain nombre de longues falaises, comme si la surface de la planète s'était rétrécie au moment où elle s'est refroidie peu après sa formation.

Mercure photographiée par la sonde Mariner 10.

VÉNUS

Vénus a approximativement la même taille que la Terre. Toutefois, comme elle est plus près du Soleil, sa surface est beaucoup plus chaude. Son épaisse atmosphère emprisonne la lumière du Soleil. À sa surface règne une température voisine de 500°C, température suffisamment haute pour fondre le plomb. La chaleur est emprisonnée par l'*effet de serre*: la lumière solaire atteint le sol et le réchauffe; le sol émet des rayons infrarouges et l'épaisse couche de nuages, composés d'eau et de dioxyde de carbone, empêche ces rayons de retourner dans l'espace.

Après le Soleil et la Lune, Vénus est l'objet le plus brillant du ciel. Elle peut luire avec éclat dans le ciel de l'ouest pendant deux heures ou plus, après le coucher du Soleil, ou pendant une période de temps similaire à l'est, avant le lever du Soleil. On la connaît sous le nom d'étoile du soir, du matin ou du berger. Normalement Vénus brille d'un éclat constant, mais lorsque l'air est très turbulent, elle peut scintiller et passer du rouge au vert. Observée au télescope, Vénus montre des phases qui vont d'un mince croissant à un disque presque complet.

La sonde spatiale Pioneer Venus, envoyée vers Vénus par la NASA, a photographié l'épaisse couche de nuages qui recouvrent la planète. Seulement 2 % de la lumière incidente atteint la surface de Vénus.

Plusieurs sondes spatiales des États-Unis et d'URSS on rendu visite à Vénus. On a également utilisé le radar, qui envoie des ondes radio réfléchies par les objets, pour étudier la surface de la planète. Comme les ondes pénètrent les nuages, on a pu cartographier la surface de Vénus. Un radar à bord d'une sonde spatiale a révélé qu'une bonne partie de la surface est formée d'une vaste plaine ondulée et on y voit des continents. On rencontre aussi des volcans qui pourraient être actifs. Le plus grand a un diamètre de plus de 1 500 km. Ce volcan ainsi que d'autres formations géologiques de la surface peuvent être étudiés par de puissants radars sur Terre.

Les sondes qui se sont posées sur Vénus, ont survécu quelques heures seulement à cause des très hautes températures et pressions. Les photos transmises ont fait voir des roches plates semblables à celles qu'on trouve sur Terre et un ciel orangé.

L'étude de l'atmosphère de Vénus peut nous aider à comprendre l'atmosphère terrestre. L'effet de serre joue aussi à la surface de notre planète et nous devons faire attention pour ne pas laisser augmenter le taux de dioxyde de carbone et de certains autres gaz si nous ne voulons pas débalancer le climat de la Terre.

Ce gros-plan du sol vénusien a été pris par une sonde soviétique. La caméra a effectué un balayage du coin supérieur gauche jusqu'aux pieds de la sonde puis s'est déplacée vers le haut et vers la droite ; à cause de cela l'horizon semble incliné en haut, à gauche. Remarquez les roches aux bords tranchants.

LA TERRE

La Terre, notre planète, est un véritable oasis dans l'espace. Lorsqu'on l'observe de l'espace, elle apparaît comme un havre accueillant en comparaison des rudes conditions qui existent sur les autres objets du système solaire.

Sur le plan géologique, la Terre est très active. Les continents reposent sur d'immenses plaques qui dérivent lentement à la surface de la planète. Il y a deux cents millions d'années, les continents se sont séparés d'une masse continentale unique. L'étude de la dérive des continents sur la Terre et des conditions géologiques sur les autres planètes aideront les spécialistes à comprendre et à prédire les tremblements de Terre et les éruptions volcaniques.

La Lune est la cause principale du phénomène des marées. La force de gravité de la Lune attire plus fortement l'eau située de son côté que le centre de la Terre et l'attraction exercée sur le centre de la Terre est plus forte que celle subie par l'eau située du côté opposé à la Lune. Il s'ensuit une excroissance de l'eau de chaque côté de la Terre. Il y a donc deux marées hautes chaque jour.

Les astronautes en route vers la Lune ont pris cette photo de la Terre. On voit des océans, l'Amérique du Nord et des nuages.

MARS

Mars brille dans le ciel avec une teinte rougeâtre. Comme elle circule le long d'une orbite elliptique au delà de la Terre, Mars peut se retrouver à l'opposé du Soleil dans le ciel. Donc, on peut observer Mars à n'importe quelle heure de la nuit. Environ tous les deux ans, la Terre rattrape Mars dans sa course autour du Soleil et leur rapprochement est au maximum. À ces moments-là, Mars atteint un éclat supérieur à celui de l'étoile la plus brillante et sa dimension apparente, au télescope, est relativement grande. En d'autres temps, son éclat diminue jusqu'à la 2e magnitude et sa dimension apparente est passablement petite.

Au cours du printemps martien (qui n'a pas lieu en même temps dans chaque hémisphère, comme sur la Terre), la surface de la planète change de couleur. Au siècle passé, on pensait que le changement de couleur était dû à de la végétation, donc que la vie existait sur Mars. Nous savons maintenant que les variations de couleurs sont dues à des vents saisonniers qui couvrent des zones sombres avec de la poussière rougeâtre ou qui, au contraire, les dénudent. La sonde Viking qui s'est posée sur Mars en 1976 n'a trouvé aucun signe de vie.

Aux jumelles, Mars a l'aspect d'un petit disque rougeâtre. Même les télescopes d'ouverture moyenne permettent difficilement de voir les détails de sa surface.

Mars photographiée de la Terre dans un télescope de grande ouverture.

En 1976, quand la double sonde Viking se rendit à Mars, une partie de chaque sonde se mit en orbite autour de la planète et l'autre partie se posa au sol. Les modules en orbite ont découvert des volcans géants, beaucoup plus gros que les volcans terrestres. Ils découvrirent aussi de vastes régions criblées de cratères et un canyon aussi long que l'étendue des États-Unis.

Les modules au sol ont photographié des blocs rocheux de tailles très variées. Le ciel martien a une teinte rosée à cause de la poussière en suspension dans l'atmosphère. La sonde Viking est restée active pendant plusieurs années et a envoyé des données sur les vents, les conditions météorologiques et leurs variations saisonnières. L'atmosphère de Mars est très ténue ; au sol, la pression atmosphérique correspond à 1 % de celle à la surface de la Terre.

Mars possède deux petites lunes, Phobos (du grec « peur ») et Deïmos (du grec « terreur »). Dans la mythologie grecque, ce sont deux compagnons du dieu de la guerre qui, à Rome, s'appelait Mars. Ces lunes ont un éclat toujours inférieur à la 11e magnitude. Pour les voir de la Terre il faut un puissant télescope.

La surface de Mars au voisinage de la sonde Viking 2. Remarquez les blocs rocheux et le ciel de teinte rosée.

JUPITER

Jupiter est la plus grosse planète du système solaire. C'est une sphère constituée presque exclusivement de gaz et son diamètre mesure plus de 11 fois celui de la Terre. Son noyau solide a une masse plus grande que celle de la Terre.

Dans le ciel nocturne, Jupiter atteint un éclat supérieur à celui de l'étoile la plus brillante. Puisque son orbite englobe l'orbite terrestre, elle peut être à l'opposé du Soleil dans le ciel. On peut donc la voir à minuit ou à toute autre heure de la nuit.

À l'aide de jumelles, on peut voir facilement ses quatre plus grosses lunes: Io, Europe, Ganymède et Callisto. Galilée les découvrit en 1609 avec un des premiers télescopes. Les jumelles d'aujourd'hui sont plus puissantes que le télescope de Galilée. Si vous observez les lunes de Jupiter pendant une heure ou plus, vous remarquerez qu'elles changent de position par rapport à la planète; il suffit de quelques heures pour se rendre compte que les lunes orbitent autour de Jupiter.

Un petit télescope permet d'apercevoir deux ou trois bandes sombres à la surface de Jupiter. Plus l'air est stable plus le nombre de bandes observables est grand.

Une photographie de Jupiter prise à l'aide d'un télescope de grande ouverture. La Grande Tache Rouge, une énorme tempête, est visible vers le bas, à droite.

Les sondes Voyager 1 et 2 ont survolé Jupiter et ont envoyé des photos de la planète. La Grande Tache Rouge, d'un diamètre plus grand que celui de la Terre, est un énorme tourbillon de nuages qui dure depuis des centaines d'années. Les sondes Voyager ont également envoyé des photos en gros plan des lunes de Jupiter; plusieurs de celles-ci se sont révélées de véritables mondes à découvrir. Elles sont couvertes de montagnes, de cratères, de vallées et, dans le cas de Io, de plusieurs volcans en activité.

Ce montage de photos prises par la sonde Voyager montre Jupiter avec sa Grande Tache Rouge et plusieurs de ses lunes. Callisto est en bas à droite, Europe est située juste en avant de Jupiter, Ganymède est en bas à gauche et Io, rougeâtre, est à gauche de la planète.

SATURNE

Saturne est considérée comme l'objet le plus impressionnant à observer dans le ciel à cause de la beauté de ses anneaux que révèle même un petit télescope. Ces derniers sont constitués de mœllons couverts de glace et de roches en orbite autour de la planète. Jupiter, Uranus et Neptune ont aussi un jeu d'anneaux, mais seuls ceux de Saturne sont spectaculaires à grande distance.

Dans le ciel, Saturne brille d'un éclat stable et jaunâtre ; on peut la voir à toute heure de la nuit. Quand l'air n'est pas turbulent, un petit télescope permet d'observer que, dans les anneaux, il y a un vide appelé division de Cassini. C'est la turbulence de l'atmosphère qui limite la finesse des détails observables plutôt que le grossissement d'un télescope. Quand on augmente ce dernier, on ne fait que grossir l'image déjà floue.

Titan, une des lunes de Saturne, est une des plus grosses lunes du système solaire. De la Terre, dans un télescope ou des jumelles, on la perçoit comme un point lumineux près de la planète.

La sonde Voyager a exploré Saturne et ses lunes ; elle nous a envoyé des photos en gros plan de ces objets, comme celle de la p. 95. Du fait que Saturne est plus éloignée du Soleil, les réactions chimiques qui produisent des couleurs dans ses nuages fonctionnent au ralenti à cause du grand froid. C'est pourquoi les bandes de couleur à sa surface sont moins nombreuses qu'à la surface de Jupiter.

Saturne photographiée de la Terre par un puissant télescope.

Les sondes Voyager ont découvert que les anneaux de Saturne étaient composés d'une multitude d'anneaux très minces.

Les sondes ont également photographié plusieurs lunes et en ont détecté de nouvelles. Titan a une atmosphère plus dense que celle de la Terre et sa pression au sol est plus élevée qu'à la surface de la Terre. Sa couleur rougeâtre provient d'un genre de brume sèche (smog).

D'autres satellites de Saturne possèdent des crevasses, des escarpements, des cratères et beaucoup d'autres accidents de terrain. Mimas est dotée d'un cratère tellement large que cette lune a probablement failli se briser au moment de la formation du cratère.

Un montage de photos de Saturne et de ses plus grosses lunes. Les photos ont été envoyées par la sonde Voyager 1. En partant du coin supérieure gauche et en se déplaçant dans le sens horaire, nous voyons Titan, Mimas, Téthys, Dioné, Encelade et Rhéa. Pour donner un effet de perspective, les dimensions relatives de chacune n'ont pas été respectées.

URANUS

Uranus, découverte en 1781, n'était pas connue dans l'antiquité. Elle est tellement éloignée que l'on ne savait pas grand chose à son sujet avant que la sonde Voyager 2 s'en approche en 1986. Même dans un puissant télescope, cette planète et ses lunes étaient à peine plus grosses que des points lumineux. En 1977, Uranus passa devant une étoile ; en analysant la fluctuation de la lumière de l'étoile lors du phénomène, les astronomes découvrirent que la planète était entourée de neuf anneaux étroits.

La sonde Voyager 2 obtint des images des anneaux mais ne put fournir guère plus d'informations que les astronomes n'en avaient obtenues par leurs observations sur Terre. Toutefois, la sonde fit parvenir à la Terre la photo à haute définition de la surface d'Uranus que l'on voit ci-dessous. Uranus est tellement loin du Soleil que sa surface est unie et sans traits caractéristiques. Elle a une couleur bleu-vert car le méthane que contiennent ses nuages absorbe toutes les autres couleurs. Sur les photos à haute définition, on a décelé quelques nuages individuels. En observant le mouvement de ces nuages, les astronomes ont déterminé qu'Uranus tourne sur elle-même en 17 heures.

Uranus photographiée par la sonde Voyager 2.

Les lunes d'Uranus sont en général plus sombres que celles de Saturne qui sont recouvertes de glace. En passant à proximité, la sonde Voyager 2 a été déviée par la force de gravité des lunes les plus massives et a pu ainsi déterminer leur masse. À partir de cette information et de la dimension des lunes, les astronomes ont pu déduire que les lunes d'Uranus sont un mélange de roches et d'eau, d'ammoniaque, de méthane et d'autres composés chimiques à l'état solide.

Les cinq plus grosses lunes d'Uranus (que l'on connaissait avant l'envoi des sondes spatiales) ont été nommées d'après les personnages de «Midsummer Night's Dream» et de «The Tempest» de Shakespeare ainsi que d'après «The Rape of the Lock» de Pope. Toutes les lunes d'Uranus sont couvertes de cratères. Ariel montre des fractures à sa surface, ce qui implique qu'elle a subi une activité géologique. Umbriel, de dimension similaire, est saturée de cratères. Sur Titania, on remarque peu de grands cratères : cela laisse supposer que de la matière fluide a émergé de la surface et a recouvert une bonne partie des cratères. Oberon possède plusieurs grands cratères. Miranda, bien que plus petite, a une grande variété d'accidents de terrain : elle a du subir une activité géologique importante.

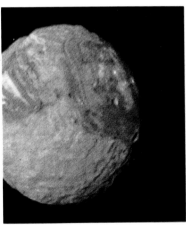

Miranda. Bien que cette lune soit petite, ayant un rayon d'à peine 242 km, on y voit une région recouverte de stries et une autre possédant des escarpements, des vallées et des cratères d'impact. On voit également des fractures, de longues falaises et des signes d'activité volcanique.

NEPTUNE

Neptune a un diamètre semblable à celui d'Uranus et quatre fois plus grand que celui de la Terre. Elle fut découverte en 1846 grâce à des calculs mathématiques faits pour expliquer les perturbations du mouvement d'Uranus. Elle est constituée d'une épaisse couche de gaz entourant un océan liquide et un noyau central de nature solide.

La planète compte au moins huit lunes. Triton a emprunté son nom à la mythologie grecque; c'était un des fils du dieu de la mer Poséidon. Néréide qui, en grec signifie nymphe des mers, est beaucoup plus petite que Triton et plus éloignée de la planète.

La sonde Voyager 2 , en passant dans le voisinage de Neptune en août 1989, a passablement augmenté nos connaissances de cette planète entre autres, la présence de plusieurs orages géants dont le plus important est la Grande Tache Foncée. Elle a confirmé l'existence d'anneaux autour de Neptune et permis la découverte de six nouvelles lunes. L'une d'elles a une taille qui en fait la seconde plus grosse lune de Neptune. On a mis en évidence que Triton tourne sur elle-même en sens inverse de la normale et que sa surface a une étrange texture glacée qui ressemble à une écorce de melon.

Neptune et sa Grande Tache Foncée, photographie prise par Voyageur 2.

PLUTON

Pluton, la planète ayant la plus grande orbite autour du Soleil, fut découverte en 1933. Comme sa magnitude est de 14, il faut un télescope d'ouverture moyenne pour la voir.

En 1978, un astronome observa la planète dans un grand télescope et réalisa que son image n'était pas parfaitement ronde ; la protubérance était due à la présence d'une lune. Cette lune, nommée Charon, a permis de mesurer la masse de la planète. La masse de la planète est plus petite que l'on croyait, soit environ $\frac{1}{500}$ de la masse de la Terre.

Comme Pluton et Charon passent l'une devant l'autre régulièrement, elles s'éclipsent l'une et l'autre. L'étude des variations de lumière qui en résultent a fourni des renseignements sur leur taille. Pluton a une taille égale aux deux tiers de celle de notre Lune ; Charon a une taille égale à la moitié de celle de Pluton. Pluton et Charon ne sont pas des planètes gazeuses comme Jupiter, Saturne, Uranus et Neptune. Peut-être qu'autrefois les deux étaient des lunes de Neptune.

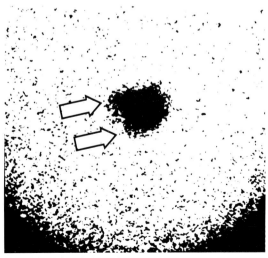

La protubérance, à gauche de cette image très agrandie de Pluton, est son satellite naturel, Charon.

99

Les comètes

Les comètes, quand elles sont assez brillantes pour être vues à l'œil nu, sont de magnifiques objets à observer. Si la radio, la télévision ou les journaux annoncent qu'il y a une comète visible dans le ciel, empressez-vous de l'observer, car elle ne sera visible que pendant quelques jours.

Les comètes sont des blocs de glace sale en orbite autour du Soleil bien au delà de Pluton. Perturbé par l'attraction d'une étoile, l'un de ces blocs peut tomber vers le Soleil. En se rapprochant du Soleil, la glace s'évapore et libère la poussière qu'elle contient. Gaz et poussière forment deux queues séparées à l'opposé du Soleil. La tête de la comète contient le noyau solide entouré d'un halo gazeux de plus grande taille appelé coma.

La comète périodique la plus brillante est la comète de Halley. Elle revient dans le voisinage de la Terre tous les 76 ans ; son dernier passage a eu lieu en 1986. La prochaine comète visible ne sera pas aussi éclatante.

La comète de Halley photographiée en 1986.

Comme on connaissait le moment d'arrivée de la comète de Halley, beaucoup de grands télescopes l'ont observée et plusieurs nations ont envoyé des sondes spatiales à sa rencontre. Nous en savons maintenant beaucoup plus sur la composition des gaz présents dans une comète et sur la façon dont ils sont libérés.

Les photographies transmises par la sonde Giotto, de l'Agence Spatiale Européenne ont révélé que le noyau de la comète a la forme d'une patate dont la taille est de 15 km X 10 km. Les observations ont confirmé que la comète est une «boule de neige sale». Elle est recouverte d'une croute de matière sombre qui réfléchit 2 % de la lumière solaire. Du côté exposé au Soleil des jets de gaz et de poussière s'échappent de fentes qui existent dans la croute. Le gaz et la poussière sont éventuellement repoussés vers l'arrière pour former la queue.

La queue d'une comète peut s'étendre sur des millions de kilomètres dans l'espace, toujours en direction opposée au Soleil. La queue d'une comète est très ténue et il n'y aurait aucun problème à passer au travers.

Photo de la comète de Halley en 1986. La queue de poussière est jaunâtre et la queue de gaz est bleuâtre; les queues s'étendent à partir de la tête de la comète qui comprend le noyau et le coma.

Les météores

Les comètes laissent échapper de la poussière le long de la trajectoire de leur orbite. Vient un temps où la comète elle-même meurt, ou elle s'est complètement volatilisée, ou son noyau s'est recouvert d'une croûte. Mais la poussière reste en orbite autour du Soleil. Chaque fois que la Terre passe à travers ces grains de poussière, ceux-ci brûlent par friction en pénétrant dans l'atmosphère. Nous apercevons alors des «étoiles filantes» ou *météores*.

Comme la Terre refait la même orbite chaque année, les pluies de météores reviennent annuellement. La pluie la plus facile à voir est celle des Perséides, ainsi nommée parce que les météores semblent jaillir de la constellation de Persée. On peut cependant voir des météores dans toutes les parties du ciel. Les Perséides ont lieu chaque année le 11 ou 12 août, une époque de l'année où les nuits sont chaudes.

L'observation d'une pluie de météores ne requiert aucun équipement. Vous vous étendez sur un fauteuil inclinable ou sur une couverture posée sur le sol et vous regardez le ciel. Vous pourrez voir, en moyenne, un météore par minute durant les Perséides et les Géminides. En temps ordinaire, on peut s'attendre à voir un météore par dix minutes. Vous observerez plus de météores après minuit car alors, vous êtes en train de foncer de plein fouet dans la poussière interplanétaire.

À l'aide d'un appareil photographique à grand angulaire on peut capter l'image de météores si on fait une pose de plusieurs minutes.

Pluies de météores

Date	Nom	Nuits visibles
3 janvier	Quadrantides	1
21 avril	Lyrides	2
4 mai	Aquarides d'Eta	3
28 juillet	Aquarides de Delta	7
11 août	Perséides	5
21 octobre	Orionides	2
3 novembre	Taurides (sud)	semaines
17 novembre	Léonides	semaines
13 décembre	Géminides	3
22 décembre	Ursides	2

Astéroïdes

En plus des neuf planètes principales, il y a des milliers de planètes mineures qui sont en orbite autour du Soleil : ce sont les *astéroïdes*. La plupart sont localisés dans la ceinture d'astéroïdes située entre Mars et Jupiter. Quelques douzaines, cependant, croisent l'orbite de la Terre et pourraient éventuellement entrer en collision avec elle.

Le plus gros astéroïde, Cérès, a un diamètre de 1 000 kilomètres. Vesta, dont le diamètre est un peu plus de 500 kilomètres, peut devenir assez brillant pour être vu à l'œil nu. Avec des jumelles vous pouvez évidemment voir un plus grand nombre d'astéroïdes, si vous savez où regarder.

Si un astronome professionnel ou amateur prend une photographie avec une caméra ou un télescope motorisé qui suit le déplacement des étoiles dans le ciel, les étoiles apparaîtront comme des points lumineux, mais les astéroïdes, s'il y en a, produiront de petits traits lumineux car ils se déplacent à une vitesse différente sur le fond du ciel.

La Lune

Après le Soleil, la Lune est l'objet le plus lumineux du ciel. On peut la voir en tout temps, même en plein jour, si elle se trouve dans le ciel et que le ciel est dégagé.

Elle a un diamètre supérieur à la moitié du diamètre de la Terre et elle orbite autour de la Terre à une distance moyenne de 384 000 kilomètres. Par rapport aux étoiles, la Lune met 27 jours, 7 heures, 43 minutes à compléter une orbite. Pendant ce temps, la Terre s'est déplacée, c'est pourquoi il faut 29$\frac{1}{3}$ jours pour que la Lune revienne à la même position dans le ciel par rapport au Soleil.

Pendant ces 29$\frac{1}{3}$ jours, la Lune parcourt le cycle complet de ses phases. La phase de la Lune dépend des positions relatives du Soleil, de la Terre et de la Lune. Quand elle se trouve à l'opposé du Soleil par rapport à la Terre, on voit toute sa moitié éclairée ; nous appelons cette phase la *Pleine Lune*. Quand elle a parcouru un quart supplémentaire de son orbite en direction du Soleil, nous avons le *Troisième Quartier*. Plus tard, elle se retrouve dans la même direction que le Soleil, c'est la *Nouvelle Lune* et elle est alors invisible dans le ciel. Enfin, environ une semaine après la Nouvelle Lune, elle a parcouru un quart de son orbite, et nous voyons le *Premier Quartier*.

Au Premier et au Troisième Quartier, la moitié du disque lunaire est illuminé. Lorsque moins que la moitié du disque est illuminé, nous voyons un *croissant de Lune*. Lorsque plus que la moitié du disque est illuminé, nous parlons de *Lune gibbeuse*.

Pendant les deux semaines qui s'écoulent entre la Nouvelle et la Pleine Lune, une fraction de plus en plus grande du disque lunaire est illuminée ; nous disons que la Lune *croît*. De la Pleine à la Nouvelle Lune, la fraction du disque illuminé diminue ; nous disons que la Lune *décroît*.

Par une nuit claire, il est possible de voir tout le disque de la Lune alors que seul un mince croissant brille avec éclat. C'est le phénomène du «clair de Terre». La Terre réfléchit une partie de la lumière solaire vers la Lune et la Lune renvoie à son tour une partie de la lumière incidente vers la Terre ; nous observons alors la lune cendrée.

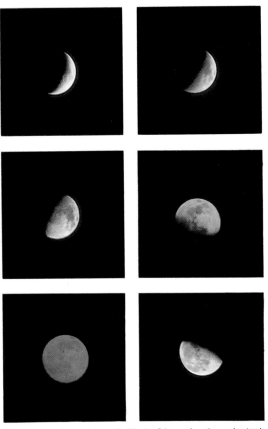

En haut, deux croissants de Lune. La Mer des Crises est la petite mer lunaire de forme ovale, à droite. Un peu plus bas et s'étendant en diagonale vers la gauche, on voit la Mer de la Fécondité, la Mer de la Tranquillité et la Mer de la Sérénité. Le cratère Tycho dont émergent de brillants rayons de poussière, est à peine visible sur l'image du Premier Quartier, à gauche dans la seconde rangée ; à droite on voit une lune gibbeuse en train de croître. En bas, à gauche, c'est une Pleine Lune. Sur cette dernière, l'Océan des Tempêtes est à l'extrême gauche, la Mer des Humeurs et la Mer des Nuages se trouvant en dessous ; la Mer des Pluies est à sa droite en haut. Enfin en bas, à droite, nous voyons une phase proche du Troisième Quartier.

D'un jour à l'autre, la Lune se lève environ 50 minutes plus tard et sa phase change. Le cycle des phases de la Lune débute avec la Nouvelle Lune. À ce moment, elle se trouve dans la même direction que le Soleil dans le ciel, c'est pourquoi elle n'est pas visible. Quelques jours plus tard, elle s'est éloignée du Soleil et nous observons un mince croissant à l'ouest, au coucher du Soleil. Environ une semaine après la Nouvelle Lune, c'est le Premier Quartier ; la Lune se lève à midi et elle est haute dans le ciel au coucher du Soleil. Une semaine plus tard, la Lune se trouve à l'opposé du Soleil dans le ciel ; on voit alors une Pleine Lune qui se lève au coucher du Soleil et qui reste visible toute la nuit. Puis sa phase décroît pendant environ 14,5 jours et le cycle des phases recommence.

En 1609, Galilée observa la Lune avec sa lunette astronomique et découvrit les cratères et des régions unies et sombres qu'il appela «mers». Il suffit d'un regard à l'œil nu pour remarquer que certaines régions de la surface lunaire sont plus sombres que d'autres. Mais c'est avec des jumelles ou un télescope que l'on peut distinguer les cratères et les mers.

Si vous essayez d'identifier les cratères et les mers lunaires à l'aide d'une carte, rappelez-vous que les jumelles donnent une image droite de la Lune alors qu'un télescope donne une image inversée. Il faut alors tourner la carte à l'envers. Toutefois certains télescopes possèdent, dans l'oculaire, un miroir supplémentaire à 45° qui permet de regarder dans le télescope par le côté. Un tel miroir inverse l'image de gauche à droite.

La Pleine Lune est toujours à l'opposé du Soleil dans le ciel, elle se lève donc au coucher du Soleil.

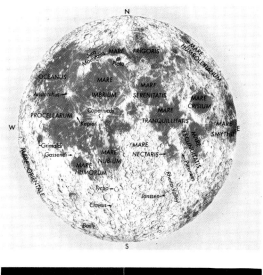

En haut: une reproduction de la Lune utilisant un type de projection qui dilate les régions périphériques pour les rendre plus visibles. (Courtoisie de la National Geographic Society et du U.S. Geological Survey) En bas: la trajectoire de la Lune autour de la Terre est elliptique, donc sa distance à la Terre varie ainsi que son diamètre apparent dans le ciel. Nous voyons aussi l'effet de la *libration* qui nous permet de voir un peu plus de la moitié de la sphère lunaire.

L'orbite de la Lune est inclinée de 5 degrés sur le plan de l'orbite de la Terre autour du Soleil, c'est pourquoi la Lune ne passe pas dans l'ombre de la Terre à chaque mois lors de la Pleine Lune. Mais de temps en temps, il arrive que le Soleil, la Terre et la Lune se trouvent exactement en ligne pour produire une éclipse de Lune. L'ombre de la Terre proprement dit, c'est-à-dire la région exempte de lumière, met environ 1 heure à recouvrir la Lune. La Lune peut rester totalement éclipsée jusqu'à 1h 40m. Toutefois, une partie de la lumière rouge du Soleil est déviée par l'atmosphère terrestre et parvient à la Lune; il en résulte que cette dernière brille d'une faible lueur rougeâtre même quand elle se trouve dans l'ombre de la Terre. Une éclipse de Lune peut être observée de partout où la Lune est visible dans le ciel, comme ce sera le cas en Amérique du Nord le 29 novembre 1993 et le 27 septembre 1996.

Un croissant de Lune au-dessus de l'horizon ouest, peu après le coucher du Soleil. Vénus se trouve à proximité. Le «clair de Terre», c'est-à-dire la lumière solaire réfléchie par la Terre vers la Lune, nous permet de voir la lune cendrée.

Photo du haut : la Lune complètement éclipsée conserve une faible lueur rougeâtre à cause de la lumière solaire déviée par l'atmosphère de la Terre. Photo du bas : la série d'images montre les différentes phases d'une éclipse de Lune sur une période voisine de 3 heures. On a ouvert périodiquement l'obturateur de l'appareil photographique pour produire un film de l'événement.

Plusieurs sondes spatiales américaines habitées et non habitées se sont posées à la surface de la Lune. Entre 1969 et 1972, 12 astronautes du programme Apollo ont foulé le sol lunaire. Les astronautes ont effectué de nombreuses expériences sur place, ont laissé des miroirs permettant la réflexion de rayons laser émis de la Terre et ont ramené un total de 382 kilogrammes de roches lunaires pour fin d'analyse.

L'analyse des données recueillies a révélé que les cratères de la Lune ont été creusés par la chute de météorites (des blocs rocheux venus de l'espace). De certains cratères, comme Copernic ou Tycho (p. 107), partent des traînées lumineuses faites de matériaux éjectés lors de l'impact de la météorite responsable de la formation du cratère. Ces traînées s'assombrissent avec le temps. Cela signifie que Copernic est probablement un des plus récents cratères, vieux de quelques centaines de millions d'années. La plupart des formations lunaires sont là depuis des milliards d'années. Les formations rocheuses des régions surélevées et les régions riches en cratères remontent à environ 4,2 milliards d'années. De la lave a émergé de la surface pour former les mers il y a environ 3,5 milliards d'années. Les quelques cratères présents dans les mers ont été formés par la suite.

Le Module Lunaire de la mission Apollo 11 en 1969. Il revient vers le Module de Commande en orbite autour de la Lune. On aperçoit la Terre à l'arrière-plan.

En haut : au cours des dernières missions Apollo, les astronautes ont exploré la surface lunaire avec un véhicule motorisé. En bas : le cratère Ératosthène photographié par le Module de Commande en orbite autour de la Lune.

Le soleil

Le Soleil est l'étoile la plus proche de nous. Elle nous procure lumière et chaleur. Sa luminosité est tellement grande (magnitude -27) que sa lumière est abondamment diffusée par l'atmosphère terrestre et c'est ce qui donne au ciel sa clarté. Comme la lumière bleue est diffusée plus efficacement que la lumière rouge, le ciel est bleu pendant le jour.

La lumière du Soleil est si intense qu'elle peut détruire la rétine de vos yeux si vous le regardez trop longtemps. Donc ne fixez jamais le Soleil et ne le regardez jamais avec des jumelles ou un télescope à moins qu'ils soient équipés de filtres spéciaux. L'idéal est d'observer la projection de l'image du Soleil sur un écran. Par exemple, vous placez un écran à 1 mètre derrière des jumelles ou un petit télescope et vous faites la mise au point pour obtenir une image nette.

Sur l'image du Soleil, vous verrez probablement des plages sombres : ce sont les *taches solaires*. Chaque tache correspond à une région du Soleil où la température est d'environ $1000\,°C$ inférieure au reste de la surface. De plus les taches solaires sont associées à de forts champs magnétiques.

Le nombre de taches solaires augmente et diminue selon un cycle qui dure environ 11 ans. En 1985-86, le nombre de taches était à son minimum. En 1990-91, le nombre de taches était à son maximum ; plusieurs taches étaient alors visibles chaque jour. Le nombre de taches diminue maintenant.

Si vous désirez faire des observations plus précises de la surface du Soleil, vous pouvez acheter des filtres spéciaux qui permettent de mieux voir la structure de sa surface et ce qui se passe au bord du disque solaire. Le nombre de phénomènes observables varie aussi avec le cycle des taches solaires.

Les différents phénomènes observés à la surface du Soleil existent probablement sur les autres étoiles, mais on ne peut les étudier avec autant de détail car ces étoiles sont trop distantes.

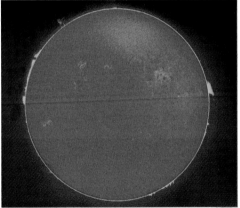

En haut : des taches à la surface du Soleil. En bas : une image du Soleil obtenue à l'aide d'un filtre qui laisse passer uniquement la lumière émise par les atomes d'hydrogène. Les protubérances solaires visibles au bord du disque ont été obtenues grâce à un temps de pose prolongé. On a superposé une image du disque solaire obtenue avec un temps de pose de courte durée ; on aperçoit des taches sombres ainsi que d'autres phénomènes présents à la surface du Soleil.

Le plan de l'orbite de la Lune autour de la Terre est incliné par rapport au plan de l'orbite terrestre autour du Soleil. Aussi, la Lune ne passe pas exactement entre le Soleil et la Terre au moment de la Nouvelle Lune. Mais cela se produit à peu près tous les 18 mois. La Lune empêche alors la lumière du Soleil d'atteindre une petite région de la surface de la Terre. À cause du mouvement de la Lune et de la Terre, l'ombre projetée par la Lune se déplace le long d'un étroit corridor à la surface de la Terre. Le long de ce corridor, long de milliers de km et d'une largeur pouvant atteindre 270 km, nous assistons à une *éclipse totale de Soleil*.

Une éclipse totale de Soleil est le phénomène astronomique le plus spectaculaire qu'on puisse observer. Pendant une heure environ, la Lune cache progressivement le disque solaire. La baisse de clarté du ciel devient apparente au cours des dernières minutes lorsque que le disque solaire est presque entièrement occulté. Puis soudainement, la Lune couvre complètement le Soleil. Quelques instants avant, des mèches de lumière solaire filtrent à travers les vallées du bord de la Lune, ce qui produit d'éclatantes perles de lumière, appelées perles de Baily. Les dernières perles de Baily, très brillantes, produisent un *effet de « bague à diamants »* (voir p. 116). Ensuite, c'est la *totalité* : le Soleil disparaît complètement. La phase totale peut durer jusqu'à 7 minutes. À la fin de la totalité, on voit à nouveau l'effet de bague à diamants, puis le disque solaire se découvre graduellement et le ciel reprend sa clarté.

Durant la totalité, le ciel autour du Soleil est assez noir pour qu'on puisse voir les étoiles, même si nous sommes en plein jour. Près de l'horizon, nous voyons assez loin pour capter la lumière provenant des régions où l'éclipse n'est pas totale. Mais parce que nous regardons à travers une épaisse couche d'air, l'horizon prend une couleur rougeâtre, comme si on assistait à un coucher de Soleil tout autour de l'horizon.

C'est un pur hasard si nous pouvons être témoin du magnifique spectacle des éclipses. C'est que la Lune, qui est 400 fois plus petite que le Soleil, se trouve 400 fois plus près de nous que l'astre du jour. Ainsi, la Lune occupe presque exactement le même angle que le Soleil dans le ciel, et elle peut le dissimuler entièrement.

Bien qu'en moyenne il y ait une éclipse de Soleil tous les 18 mois, 300 ans séparent l'occurence d'une même éclipse à un endroit fixe de la surface de la Terre. C'est pourquoi beaucoup de gens voyagent pour aller admirer le spectacle d'une éclipse de Soleil. L'éclipse totale de Soleil qui aura lieu le 11 juillet 1991 sera particulièrement propice à l'observation ; elle sera de longue durée, et sera visible dans des régions facilement accessibles et où les conditions météorologiques sont favorables. La totalité durera plus de 4 minutes sur la Grande Île d'Hawaii et presque 7 minutes sur la côte ouest du Mexique, à l'extrémité de Baja California. Une éclipse totale sera visible en France le 11 août 1999.

En certaines occasions, la Lune se trouve plus loin que d'habitude sur son orbite elliptique et ne couvre pas entièrement le Soleil durant une éclipse. Elle laisse un anneau de lumière visible autour de la partie obscurcie du Soleil. C'est une *éclipse annulaire*. Une éclipse de ce genre sera visible sur le territoire des États-Unis, du sud-ouest au nord-est, le 10 mai 1994.

Une photographie prise lors d'une éclipse totale de Soleil. Tout autour de la partie obscurcie du Soleil, on aperçoit la couronne solaire, un halo de gaz chaud dont la température est de 2 000 000°C.

Phases d'une éclipse totale de Soleil. En haut, l'éclipse est partielle ; à droite, des nuages se profilent sur le disque solaire. Au centre, nous observons l'effet de bague à diamants (p. 114). La photo du bas montre la couronne solaire, un halo de gaz dont la température est de 2 000 000°C et qui constitue ce qu'on pourrait appeler la haute atmosphère du Soleil.

116

L'observation des éclipses

Le Soleil est tellement brillant qu'il peut endommager gravement vos yeux si vous le fixez plusieurs secondes ou, pire, si vous l'observez directement dans un instrument. Lorsque l'éclipse atteint la totalité, la couronne solaire apparaît ; celle-ci a une luminosité équivalente à celle de la Pleine Lune, on peut donc l'observer sans danger. Si l'éclipse est annulaire, le Soleil n'est pas complètement caché ; donc, ne regardez pas le Soleil directement.

Pour observer une éclipse partielle ou annulaire, la meilleure méthode est celle de la «caméra à trou d'aiguille». On perce un trou de quelques millimètres dans un morceau de carton opaque avec lequel on bloque la lumière du Soleil, et on recueille l'image du Soleil sur un second carton situé derrière le premier. Ou bien vous achetez un filtre solaire ou vous en fabriquez un comme ceci : exposez à la lumière du jour une pellicule photographique noir et blanc (pas en couleurs) et faites-la développer. Une ou deux épaisseurs de pellicule développée feront un bon filtre. Toutefois, il est quand même prudent de ne pas fixer le Soleil trop longtemps.

Si vous avez la chance d'être à un endroit où l'éclipse est totale, ne manquez pas d'observer le magnifique spectacle de la couronne solaire. Mais cessez de fixer le Soleil dès que l'éclipse redevient partielle.

À gauche : En vous tenant sous un arbre pendant une éclipse partielle ou annulaire vous verrez sur le sol des images similaires à celles produites par un trou d'aiguille ; les trous d'aiguille sont formés par les espaces entre les feuilles. À droite : Vous pouvez observer en toute quiétude une éclipse partielle ou annulaire à l'aide d'un filtre solaire spécial.

Conseils pratiques pour l'observation

L'observation à l'œil nu

L'observation à l'œil nu est le premier pas à faire pour partir à la découverte du ciel. Vos yeux sont d'excellents détecteurs de lumière ; beaucoup d'objets célestes et de phénomènes astronomiques sont visibles à l'œil nu.

Quand vous vous trouvez dans une pièce éclairée, les cellules de la rétine se saturent de lumière et perdent de leur sensibilité. Si vous sortez à l'extérieur et qu'il fait nuit, les pupilles de vos yeux s'élargissent. Leur ouverture peut atteindre un diamètre de 8 mm au lieu des 2 ou 3 mm quand vous étiez en pleine lumière. Mais la rétine reste saturée un certain temps. Vous pouvez compter jusqu'à 15 minutes avant que vos yeux s'adaptent à la vision nocturne ; ensuite vous verrez de plus en plus d'étoiles faibles.

Ne regardez pas de source lumineuse brillante. Cependant, la lumière rouge ne nuit pas à la vision nocturne. Vous pouvez donc utiliser une lampe de poche rouge (ou mettre un cellophane rouge sur une lampe ordinaire).

À l'œil nu, vous pouvez voir le Soleil, la Lune, les étoiles jusqu'à la 6e magnitude (entre autres toutes les étoiles des cartes du livre). Dans un ciel très noir, vous pouvez apercevoir un ou deux amas globulaires comme M13 dans Hercule (p. 60) et la galaxie M31 dans Andromède (p. 50).

Cinq planètes sont perceptibles à l'œil nu : Mercure, Vénus, Mars, Jupiter et Saturne.

Vous pouvez observer des étoiles variables en comparant leur éclat avec d'autres étoiles. Tous les trois jours, l'éclat d'Algol diminue d'un facteur 3 en l'espace d'une heure ; l'éclat de Bételgeuse varie sur une période de plusieurs mois. Alcor et Mizar se présentent sous l'aspect d'une étoile double.

Si vous avez de la chance, vous pourrez observer une comète pendant quelques jours ou quelques semaines.

Observer le ciel à l'œil nu peut vous procurer beaucoup de satisfaction.

L'observation aux jumelles

Les jumelles recueillent une plus grande quantité de lumière que vos yeux, donc vous pouvez voir des objets moins brillants. Elles permettent aussi de distinguer plus de détails.

On classifie habituellement les jumelles à l'aide d'une paire de nombres. Le premier nombre indique le facteur de grossissement, alors que le second donne le diamètre de l'objectif (lentille avant) en millimètres. Ainsi, des jumelles 7X50 grossissent 7 fois et ont des objectifs de 50 mm. Comme la pupille a une ouverture maximum de 8 mm, des jumelles recueillent beaucoup plus de lumière.

En astronomie, le grossissement est moins important que la quantité de lumière recueillie; des jumelles 7X50 représentent un bon outil. Un grossissement supérieur à 7 nécessite l'emploi d'un trépied pour obtenir une vison stable.

Une paire de jumelles 7X50 permet d'observer des objets aussi faibles que ceux de la 9e magnitude, incluant des amas stellaires, comme l'Amas de la Ruche ou des Hyades et même les quatre plus brillants satellites de Jupiter. Vous distinguerez plusieurs étoiles doubles et des nébuleuses, comme la nébuleuse d'Orion. Si vous balayez la Voie Lactée vous découvrirez beaucoup d'autres amas et nébuleuses.

À l'intérieur des jumelles, il y a des prismes ou des miroirs qui réfléchissent la lumière, ce qui permet de diminuer leur longueur. Utilisez-les sans vos lunettes, si vous en portez, et faites la mise au point pour compenser votre défaut de vision. Les jumelles ont habituellement un bouton permettant l'ajustement individuel d'un des oculaires pour remédier à une différence de vision entre les deux yeux.

L'observation au télescope

Un télescope recueille la lumière et la concentre dans votre œil, sur une plaque photographique ou un détecteur de télévision. C'est pour ainsi dire un récipient à lumière. Le grossissement d'un télescope n'a pas beaucoup d'importance.

Certains télescopes recueillent la lumière à l'aide d'une lentille d'entrée : ce sont les *réfracteurs*. Les amateurs utilisent souvent des réfracteurs dont les objectifs ont un diamètre compris entre 5 et 10 cm. D'autres télescopes recueillent la lumière à l'aide d'un miroir : ce sont les *réflecteurs*. Les dimensions les plus populaires des miroirs vont de 10 à 20 cm. La qualité de l'image d'un réfracteur, importante lorsqu'on observe les planètes, est ordinairement aussi bonne que celle d'un réflecteur de diamètre deux fois plus grand.

On rencontre maintenant des télescopes ayant un miroir à l'arrière et une lentille correctrice à l'avant du télescope. La lentille permet d'utiliser un miroir sphérique qui est plus facile à fabriquer et qui procure un plus grand champ de vision qu'un miroir parabolique. Beaucoup de ces télescopes sont de type Schmidt-Cassegrain ; la lumière entre par la lentille, est réfléchie par le miroir principal vers un petit miroir secondaire situé derrière la lentille ; le faisceau de lumière retourne vers le centre du miroir principal percé d'un trou. On peut donc placer l'oculaire ou une caméra derrière le télescope.

Dans le réflecteur de Newton, la lumière est réfléchie par le miroir principal, situé à l'arrière, vers un miroir secondaire incliné à 45° et situé à l'avant du télescope. Le miroir secondaire envoie le faisceau de lumière vers l'oculaire placé sur le côté du tube.

La chose la plus importante à considérer si vous achetez un télescope est la qualité de sa monture. Plusieurs personnes achètent un petit télescope et, par la suite, s'aperçoivent que la monture est trop instable pour garder un objet dans le champ du télescope ou pour trouver un objet avec facilité. Les montures de qualité coûtent cher mais on gaspille son argent en achetant un télescope dont la monture est trop légère.

Un télescope recueille une grande quantité de lumière. Il vous permet d'examiner plus en détail les objets comme les anneaux de Saturne. Vous verrez plus d'amas stellaires et plus d'étoiles individuelles dans chacun d'eux. Vous verrez un plus grand nombre de types de nébuleuses et plus de structure dans chacune d'elles. Vous verrez aussi beaucoup de galaxies.

Votre télescope sera probablement équipé d'une monture qui permet de suivre le mouvement des étoiles dans le ciel. Comme les étoiles semblent tourner autour de la Terre en 24 heures, un moteur qui fait un tour en 24 heures, attaché à une monture *équatoriale* correctement alignée sur le pôle céleste, vous permettra de suivre les étoiles. Avec une telle monture, vous pouvez mettre une caméra (sans lentille) à la place de l'oculaire et prendre des photos d'amas stellaires, de galaxies et de nébuleuses. Ou vous pouvez monter une caméra (avec sa lentille) sur le tube du télescope et prendre une photo de longue durée pendant que le télescope suit les étoiles.

Même sans télescope, vous pouvez prendre des photos de constellations en utilisant des films couleurs très sensibles. Installez votre caméra sur un trépied stable et essayez des temps de pose de 2, 4, 8, 16, 32, et 64 secondes.

Bonne chance dans vos observations.

Dans ce télescope de type Schmidt-Cassegrain, la lumière entre par la lentille correctrice et est réfléchie par le miroir principal vers un petit miroir situé à l'arrière de la lentille. Le faisceau de lumière revient vers le centre du miroir principal percé d'un trou. L'oculaire se trouve derrière le télescope.

L'heure

L'heure qu'indiquent nos montres est basée sur le mouvement apparent du Soleil. Lorsque que celui-ci est au sud, il est midi. Mais pour une personne située à une autre longitude, il n'est pas la même heure. Aussi, en 1884, on a trouvé commode d'établir une série de *fuseaux horaires* à l'intérieur desquels l'heure est la même. Il y a un changement brusque d'une heure à la frontière de deux fuseaux horaires.

En été, quand il est dix-huit heures, il fait encore clair. Pour permettre aux gens de jouir de plus de temps à l'extérieur, plusieurs pays ont adopté l'*heure avancée* : on avance les horloges d'une heure au printemps (1er dimanche d'avril). Ainsi dix-huit heures devient dix-neuf heures. À l'automne (dernier dimanche d'octobre) on revient à l'*heure normale*.

Les astronomes utilisent souvent l'heure donnée par la position du Soleil par rapport au méridien 0° qui passe par Greenwich, en Angleterre. L'utilisation de ce *Temps Universel* (T.U.) permet une comparaison plus facile des observations faites partout dans le monde. Les astronomes utilisent aussi le *temps sidéral* (mesuré par rapport aux étoiles), parce qu'une étoile ou une constellation donnée se lève à la même heure sidérale chaque jour.

L'heure indiquée par les étoiles, le temps sidéral (p. 68), est la même que l'heure solaire à l'équinoxe d'automne, vers le 21 septembre. Par la suite, chaque jour, le temps sidéral prend une avance de 3 minutes 56 secondes sur le temps solaire. À l'équinoxe du printemps, le temps sidéral a 12 heures d'avance sur le temps solaire.

Fuseaux horaires

Du T.U. à	Heure Normale	Heure Avancée
Heure de l'Atlantique	-4 heures	-3 heures
Heure de l'Est	-5 heures	-4 heures
Heure Centrale	-6 heures	-5 heures
Heure des Montagnes	-7 heures	-6 heures
Heure du Pacifique	-8 heures	-7 heures
Heure du Yukon	-9 heures	-8 heures
Heure de l'Alaska	-10 heures	-9 heures
Heure d'Hawaii	-10 heures	

Les calendriers

La Terre met une année à parcourir son orbite autour du Soleil. Cela correspond à 365,25 jours. Donc, au bout d'une année, la Terre a effectué 365 rotations complètes sur elle-même, plus ¼ de tour. Après quatre années, elle a exécuté un tour de plus sur elle-même, ce qui équivaut à une journée. Nous ajoutons donc tous les quatre ans une journée au calendrier : c'est une année bissextile. Ordinairement les années divisibles par quatre (1988-1992-1996) sont bissextiles.

Notre calendrier remonte à Jules César qui donna son nom au mois de juillet. Son successeur, César Auguste, enleva un jour au mois de février et l'ajouta au mois d'août pour qu'il soit aussi long que le mois de juillet. À cette époque, l'année commençait en Mars, ce qui explique l'appellation des mois de Septembre, Octobre, Novembre et Décembre qui signifient 7, 8, 9, 10.

En réalité une année dure un peu moins que 365.25 jours, soit 365,2422 jours. Pour empêcher le calendrier de prendre de l'avance, on laisse tomber une année bissextile à tous les cents ans. Ainsi les années 1700, 1800 et 1900 n'étaient pas bissextiles. Cependant, à tous les 400 ans on conserve l'année bissextile, donc l'an 2000 sera bissextile.

L'année correspond à l'intervalle de temps qui sépare deux passages du Soleil au point *vernal* (*équinoxe de printemps*) ; celui-ci est un des deux points de rencontre de l'écliptique (p. 17) et de l'équateur céleste (p. 6). L'autre point de rencontre est l'*équinoxe d'automne*. Le mot équinoxe signifie «nuit égale», bien que les durées du jour et de la nuit ne soient pas exactement égales aux équinoxes. Une des causes est que l'atmosphère de la Terre fait dévier les rayons solaires et nous permet de voir le Soleil alors qu'il est encore quelques degrés sous l'horizon. De plus, la largeur du disque solaire contribue à augmenter la longueur du jour. Aussi, aux équinoxes, la durée du jour est environ 10 minutes plus grande que celle de la nuit. Jours et nuits sont de longueur égale quelques jours avant l'équinoxe de printemps ou après l'équinoxe d'automne.

REMERCIEMENTS

Je remercie Naomi Pasachoff, Elizabeth Stell, Marian Warren, Anne T. Pasachoff, Eloise Pasachoff, Deborah Pasachoff, Eric Kutner pour avoir lu une première version, Harry Foster et Barbara Stratton pour le travail d'édition. Wim van Dijk a complété le fond du ciel et la Voie Lactée sur les magnifiques cartes de Wil Tirion.

Cartes du ciel par Wil Tirion
Peintures des constellations par Robin Brickman

Crédits photographiques

Page couverture Meade Instruments

5, 10 Clifford Holmes

6 John Bally

7 © National Optical Astronomy Observatories/National Solar Observatory

11 Jay M. Pasachoff

12 Robin Brickman

15, 81, 101 Akira Fujii

17, 62 Dennis Milon

46 Meade Instruments

48 The National Radio Astronomy Observatory, géré par Associated Universities, Inc., lié par contrat à The National Science Foundation. Observateurs : Richard J. Tufts, Richard A. Perley, Philip E. Angerhofer, Stephen F. Gull

50 © 1959 California Institute of Technology

52, 72 © 1979 Fred Espenak

54, 76, 79 Corporation du télescope Canada-France-Hawaii et Régents de l'Université d'Hawaii ; photo par Laird Thompson, Institut d'Astronomie, Université d'Hawaii, maintenant à l'Université de l'Illinois.

56 Photographie par D.F. Malin de l'Observatoire Anglo-Australien. Négatif original du télescope Schmidt du Royaume-Uni, copyright 1985 Observatoire royal, Edinburgh

58 © 1986 Fred Espenak

60 U.S. Naval Observatory

64 Celestron International

66 National Optical Astronomy Observatories

70 Photographie par D.F. Malin de l'Observatoire Anglo-Australien. Négatif original du télescope Schmidt du Royaume-Uni, copyright © 1980 Observatoire royal, Edinburgh

Index

Les numéros de page en italique réfèrent aux illustrations.

127